落实"中央城市工作会议"系列

装配式建筑丛书
丛书主编　顾勇新

装配式建筑案例
Prefabricated Building Case

顾勇新　胡映东　编著

中国建筑工业出版社

顾勇新

中国建筑学会监事（原副秘书长）；中国建筑学会建筑产业现代化发展委员会副主任、中国建筑学会数字建造学术委员会副主任、中国建筑学会工业化建筑学术委员会常务理事；教授级高级工程师，西南交通大学兼职教授。

具有三十年工程建设行业管理、工程实践及科研经历，主创项目曾荣获北京市科技进步奖。担任全国建筑业新技术应用示范工程、国家级工法评审及行业重大课题的评审工作。

近十年主要从事绿色建筑、数字建造、建筑工业化的理论研究和实践探索，著有《匠意创作——当代中国建筑师访谈录》《思辨轨迹——当代中国建筑师访谈录》《建筑业可持续发展思考》《清水混凝土工程施工技术与工艺》《住宅精品工程实施指南》《建筑精品工程策划与实施》《建筑设备安装工程创优策划与实施》等著作。

胡映东

工学博士、副教授、中国建筑学会资深会员、北京土木建筑学会理事、中国建筑学会地下空间学术委员会理事、北京城市规划学会轨道交通一体化研究中心专家、中国城市科学研究会绿色建筑与节能委员会委员、国家一级注册建筑师。

任教于北京交通大学建筑与艺术学院建筑系。

从事数字化设计、装配式建筑、绿色交通建筑、站域城市设计等方向的科研、教学与实践，主持和参与课题20余项，发表相关学术论文20余篇。近年来关注于装配式设计与全产业协同的关键技术研究以及装配式设计理念和思维方法的教学探索。

总序

顾勇新

党的十九大提出了以创新、协调、绿色、开放和共享为核心的新时代发展理念，这也为建筑业指明了未来全新的发展方向。2016年9月，国务院办公厅在《关于大力发展装配式建筑的指导意见》（国办发〔2016〕71号）中要求："坚持标准化设计、工业化生产、装配化施工、一体化装修、信息化管理、智能化应用，提高技术水平和工程质量，促进建筑产业转型升级"。秉承绿色化、工业化、信息化、标准化的先进理念，促进建筑行业产业转型，实现高质量发展。

今天的建筑业已经站上了全新的起点。启程在即，我们必须认真思考两个重要的问题：第一，如何保证建筑业高质量的发展；第二，应用什么作为抓手来促进传统建筑业的转型与升级。

通过坚定不移的去走建筑工业化道路，相信能使我们找到想要的答案。

装配式建筑在中国出现已60余年，先后经历了兴起、停滞、重新认识和再次提升四个发展阶段，虽然提法几经转变，发展曲折起伏，但也证明了它将是历史发展的必然。早在1962年，梁思成先生就在人民日报撰文呼吁："在将来大规模建设中尽可能早日实现建筑工业化……我们的建筑工作不要再'拖泥带水'了。"时至今日，随着国家对装配式建筑在政策、市场和标准化等方面的大力扶持，装配式技术迈向了高速发展的春天，同时也迎来了新的挑战。

装配式建筑对国家发展的战略价值不亚于高铁，在"一带一路"规划的实施中也具有积极的引领作用。认真研究装配式建筑的战略机遇、分析现存的问题、思考加快工业化发展的对策，对装配式技术的良性发展具有重要的现实意义和长远的战略意义。

装配式建筑是实现建筑工业化的重要途径，然而，目前全方位展示我国装配式建筑成果、系统总结技术和管理经验的专著仍不够系统。为弥补缺憾，本丛书从建筑设计、实际案例、EPC总包、构件制造、建筑施工、装配式内装等全方位、全过程、全产业链，系统论述了中国装配建筑产业的现状与未来。

建筑工业化发展不仅强调高效，更要追求创新，目的在于提高品质。"集成"是这一轮建筑工业化的核心。工业化建筑的起点是工业化设计理念和集成一体化设计思维，以信息化、标准化、工业化、部品化（四化）生产和减少现场作业、减少现场湿作业、减少人工工作量、减少建筑垃圾（四减）为主，"让工厂的归工厂，工地的归工地"。可喜的是，在我们调研、考察的过程中，已经看到业内人士的相关探索与实践。要推进装配式建筑全产业链建设，需要全方位审视建筑设计、生产制作、运输配送、施工安装、验收运营等每个环节。走装配式建筑道路是为了提高效率、降低成本、减少污染、节约能源，促进建筑业产业转型与技术提升，所以，装配式建筑应大力推广和倡导EPC总包设计一体化。随着信息技术、互联网，尤其是5G技术的发展，新的数字工业化方式必将带来新的设计与建造理念、新的设计美学和建筑价值观。

本丛书主要以"访谈"为基本形式，同时运用经典案例、专家点评、大讲堂等手段，努力丰富内容表达。"访谈录"古已有之，上可溯至孔子的《论语》。通过当事人的讲述生动还原他们的时代背景、从业经历、技术理念和学术思想。访谈过程开放、兼容，为每位访谈者定制提问，带给读者精彩的阅读体验。

本丛书共计访谈100余位来自设计、施工、制造等不同领域的装配式行业翘楚，他们从各自的专业视角出发，坦言其在行业发展过程中的工作坎坷、成长经历及学术感悟，对装配式建筑的生态环境阐述自己的见解，赤诚之心溢于言表。

我们身处巨变的年代，每一天都是历史，每一个维度、每一刻都值得被客观专业的方式记录。本套丛书注重学术性与现实性，编者辗转中国、美国和日本，历时3年，共计采集150多小时的录音与视频、整理出500多万字的资料，最后精简为近300万字的书稿。书中收录了近1800张图片和照片，均由受访者亲自授权，为国内同类出版物所罕见，对于当代装配式建筑的研究与创作具有非常珍贵的史料价值。通过阅读本套丛书，希望读者领略装配式建筑的无限可能，在与行业精英思想的碰撞激荡中得到有益启迪。

丛书虽多方搜集资料和研究成果，但由于时间和精力所限，难免存在疏漏与不足，希望装配式建筑领域的同仁提出宝贵意见和建议，以便将来修订和进一步完善。最后，衷心感谢访谈者在百忙之中的积极合作，衷心感谢编辑为本丛书的出版所付出的巨大努力，希望装配式建筑领域的同仁通力合作，携手并进，共创装配式建筑的美好明天！

序

庄惟敏

近日拜读了顾勇新教授和映东老师刚撰写的书稿《装配式建筑案例》，颇有感想。

正如清华大学校长邱勇院士在"2019全球科技发展与治理国际论坛"开幕式致辞中所说，新一轮科技革命和产业变革正在重构全球创新版图、重塑全球经济结构，作为强大引擎和杠杆，以科技创新为代表的新基建将加速中国传统产业的数字化、智能化、网络化转型与升级，这已经成为各行业的共识并激励他们在世界经济深度转型的激流中积极抢占先机。早在1962年，梁思成先生发表在《人民日报》上的《拙匠随笔》一文中就曾经谈到"结合中国条件，逐步实现建筑工业化"。以前辈的高瞻远瞩反观今天，我国虽已是世界建造大国，但作为支柱产业之一的建筑业生产方式仍较粗放，与世界先进水平相比仍存在较大差距，工程品质不高、成本和资源消耗巨大、建造速度慢、环境污染严重、生产效益低等痛点难点严重影响着中国建造的高质量发展。

2020年7月，住房和城乡建设部、国家发展改革委、科学技术部、工业和信息化部等13个部门联合印发了《关于推动智能建造与建筑工业化协同发展的指导意见》，要求围绕建筑业高质量发展的总体目标，以建筑工业化为载体，以数字化、智能化升级为动力，创新突破相关核心技术，加大智能建造在工程建设各环节应用，形成涵盖科研、设计、生产加工、施工装配、运营等全产业链融合一体的智能建造产业体系，实现建筑业转型升级和持续健康发展。在此背景下，"中国建造"如何把握新一轮科技革命和产业变革的历史机遇，如何立足中国现实条件与需求，抢占产业链制高点，实现中国从传统建造向智慧建造，从建造大国向建造强国转变？这其中有两个关键不容忽视，一是探索数字建造、智慧建造与建筑工业化协同发展的路径和模式；二是推进建筑师负责制，充分发挥设计师团队在工程建设全过程中的主导作用，加快与国际接轨，助力"中国建造"品牌的打造。

新一轮科技革命和产业变革为代表的"新基建"，标志着一系列新的生产方式、组织方式和商业模式的不断涌现，科技与信息加持下的装配式建筑，其建造逻辑和设计逻辑均有别于传统建筑产业。不仅涉及策划、设计、生产、安装、建造、运维等行业的各个方面，而且要求各自打破原有的思维惯性。首先，产业智能化有利于帮助业主和领导改变对传统建筑的认知，化解建筑设计就是帮助完成业主头脑中建筑外观的片面认识，提高全行业的科学性、先进性、技术性；其次，以智慧建造为核心的产业升级，提高中国建造的品质和效益，降低粗放型生产方式对材料、能源、人工等资源的消耗和对自然环境的破坏；最后，通过装配式建筑标准化和部品更替等特性，提高建筑空间可变性而使其具有更强的生命力，避免建筑短寿现象，实现建筑的可持续发展。

与此同时，建筑师作为行业链条前端的服务提供者和系统统筹者，应具备生产"建筑产品（作品）"的整体视野，通过建筑策划向上联系总体规划和市场需求，向下联系建筑设计、构件生产和现场施工，为业主提供从前期研究、建造到使用、维护一体化的系统咨询和全周期、全方位服务。国内大型EPC业务和全过程工程咨询项目的广泛推进，以及建筑师负责制对行业管理模式转变的促进，都为行业上游从事建筑设计的建筑师和管理者提出了新的挑战，要求打破原有设计服务的执业范围和职业习惯，将更科学合理、更深刻的社会、经济、人文因素的策划研究和设计任务分析纳入建筑师的业务范畴，建筑策划作为国际化职业建筑师的基本业务领域之一，多学科融合的建筑全产业统筹思维、理论和方法将成为当今职业建筑师的一项基本技能。

当然，数字化、智能化转型不可能一蹴而就，不仅要有坚定的战略决心和韧性，还需要智慧建造的"懂行人"。当前行业转型所面临的问题和挑战，促使全行业提高认知，改变每一位设计者的思维方式和知识结构，以适应产业化时代的来临。装配式建筑作为一个近年来兴起的新兴市场，面临着研发和经营人才短缺的问题。通过建筑专业学习和执业继续教育，所培养的人才不仅是能从事装配式建筑设计的专业技术人员，更需培养一批具备建筑产业化整体思维，熟悉并激活全产业链的领军人才。他们不仅需要运用成本管控和规模优势来提高产业竞争力，更能通过先进建造技术和信息技术，来优化设计、生产和建造的全流程，提升建筑产品的信息含量和设计附加值，以实现"智慧建造"的宏伟构想。处于新常态下建筑产业转型的关键时期，我们更应倍加珍惜、乘风而上。

《装配式建筑案例》是作者关于装配式建筑系列丛书中的一本，书中案例的10位著名设计师，得益于他们多年的行业深耕，他们更能理解行业需求和痛点，其作品也更能表达和体现在当今中国快速城镇化进程中的建筑学思考。他们在多年的设计实践中，以开拓的思维、多方向的探索进行了装配式相关设计建造的尝试，在体系、技术、表现力各方面积累了大量宝贵的经验。

本书所收录的10个视角多样且高完成度的建筑佳作，透过内容精彩而详实的案例研究和阐述，为广大建筑设计从业者呈现了极富启迪意义的样板。榜样的力量是强大的，从榜样和标杆上学习经验，使我们少走弯路，从而获得灵感、信心和力量。但面对不确定的未来环境，并没有所谓"最佳的解法"，开启中国建造的未来还需要大家共同的探索和努力。

前言

胡映东

承续本系列丛书业已出版的前两辑《装配式建筑对话》《装配式建筑设计》，本辑收录了当下装配式建筑实践中有影响力的十位建筑师的十个新近作品，较为细致地从装配式的设计理念、技术体系及要点、相关建造与建筑技术衔接等方面对案例进行剖析和解读。所选案例类型既包括文化、体育等实验性建筑，也包括住宅、办公、航站楼等生产性项目；多种建造体系包含了集装箱体系、PC体系、钢结构、木结构等；从建造所处地域上，包含南非、意大利、中国台湾及中国大陆的东南西北各地，体现了装配式建筑面向不同地域、气候特征所呈现的适应性和特点，为观者舒展开一幅装配式理念、技术、美学相融合的精致画卷。

张利设计的国家跳台滑雪中心"雪如意"，是北京2022年冬奥会与冬残奥会张家口赛区工程量最大、技术难度最高的竞赛场馆。为应对山区建设的诸多不利条件，设计采用多种装配系统，整体装配率达90%，高精度的建设品控使之符合国际赛事标准。日本建筑师团纪彦以人与自然、人与都市、新旧之间"共生"秩序为设计思想，在台北桃园第一机场改扩建项目中谨慎地对待并顺应原航站楼的结构逻辑，以悬垂曲线钢梁+PC预制屋面板方式，承续了原建筑中喻于现代建筑造型的东亚传统屋瓦构造表现，简洁而富于现代气质。袁烽基于人机协作理念驱动下的数字设计与建造作品——四川安仁OCT"水西东"林盘文化交流中心，通过"工厂预制+现场装配"建造模式，探求新材料、数字建构与在地性的全新可能。张谨在苏州广播电视总台现代传媒广场项目中，运用施工模拟、滑移施工、预应力张拉等多项创新技术，实现整体钢结构与装配拼接单元的协同，展现了缜密逻辑和恰当技术下对自然生动的结构美学的追求。严阵在上海杨浦区96街坊办公楼项目中，以简化现场工序，提高生产与装配效率为理念，打造出上海市第一个装配整体式框架-现浇核心结构的高层办公楼，为当时上海装配整体式混凝土公共建筑树立了标杆。田晓秋在清华大学深圳研究生院创新基地（二期）项目中，通过平面与立面的模数化体系以适应快速工业建造，拆分及标准化的全预制PC外墙构件以适应实验建筑的功能和空间多样性需求。李峰细致地捕捉技术背后隐藏的规律和引发创作的条件，在中建科技成都绿色建筑产业园研发中心项目中，通过装配式建筑自身的建构逻辑和工业化气质，彰显独有的建筑语言和表达力。陈敬煊以实现一体化和个性化融合的装配式建筑为理念，在中建开元御湖办公楼中采用结构装饰一体化的PC构件，呈现标准化、高精度、兼具美观和个性化的装配式建筑特点。约翰内斯堡Drivelines Studios装配式住宅是LOT-EK事务所多年潜心于集装箱建筑创新和实践的佳作之一。项目顺应用地的三角形态，以箱、户、栋、楼为逻辑搭建形成的半围合住宅建筑，将身处城市待更新区域冰冷的居住机器幻化为富于内聚活力的小型社区；同时将集装箱的工业美学发挥到极致。集装箱标志性的原始涂装得以保留，堆叠形成的简洁建筑形体如巨型广告牌般矗立在街区，令人过目不忘。2015年米兰世博会中国馆项目中，陆轶辰以开放式的钢木结构屋面系统，进行传统建筑文化的当代表达。通过参数化工具对结构和遮阳竹瓦系统进行分析，使得各型装配构件能精确地优化计算、远程加工和快速建造，使得作品呈现出多变和动人的建筑表达。

发展装配式建筑是深化供给侧结构性改革、加快建筑行业升级优化、数字转型的重大举措。装配式建筑产业的健康发展，将逐步从政策引导下的标准设计、技术研发等技术完善阶段，步入主题催动、市场培育的行业创新阶段，各型公共建筑在内的装配式建筑将得到持续的创新、实践和推广。当然，提升装配式产业化水平，也离不开以装配式思维和建造逻辑为出发点，以及全行业设计师持续开展的设计理念、理论和方法创新。

目录

张利

张利出生于1970年（清华大学建筑学学士，清华大学建筑学硕士，清华大学工学博士，哈佛大学设计研究生院基金学者），现任清华大学建筑学院院长、教授、博士生导师，《世界建筑》主编，中国建筑学会常务理事、清华大学建筑设计研究院副总建筑师、清华大学简盟工作室主持设计师。北京2022年冬奥会冬奥申委规划建设部副部长（2015）、国际奥委会洛桑与吉隆坡会议陈述人（2015）。北京2022年冬奥会张家口赛区总规划师（2016-2022）、北京2022年冬奥会北京赛区首钢单板大跳台场馆总设计师（2017-2022）。张利还是张家口市、宁波市、金昌市、北京市顺义区聘任规划设计专家。张利与简盟工作室团队近年完成主要作品有：北京2022年冬奥会张家口赛区核心区总体规划与修建性详细规划、国家跳台滑雪中心、国家越野滑雪中心、云顶滑雪公园、张家口冬奥村、奥运情报中心、太子城冰雪小镇、首钢滑雪大跳台及配套、2019北京世园会园艺小镇、阿那亚启行青少年营地、玉树嘉那嘛呢游客到访中心、宁波工业设计街区暨和丰创意广场、上海世博会中国馆屋顶花园"新九洲清晏"及地区馆、中国第7届花卉博览会北京主场馆、金昌市文化中心等。

设计理念

张利的主要学术关注为建筑空间与人体的互动关系，致力于东方空间哲学的当代诠释，倡导"软可持续性"与主动式健康空间。

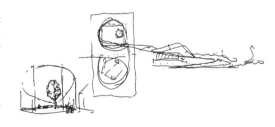

目睹中国快速、粗犷的城市化进程，张利对传入中国的现代性提出质疑。无论是新与旧的割裂，还是消费主义与影像奇观的盛行，还是在建筑创作过程中的实证主义与技术至尚主义，都在异化着中国城市与建筑。

面对这些问题，张利提倡一种"柔性可持续"的作法，这一作法将当代的建筑"介入"置于三种"学习"的基础之上：1）向历史学习。历史的原型是传统智慧的固化，很可能对解决我们今天的问题有益。2）向自发性学习。一个群体中自发形成的规律是为这个群体进行设计的关键。3）向非工业化技术手段学习。非工业化的技术手段可以带给我们更多的产生建筑意义的可能性。

北京　2022年冬奥会与冬残奥会张家口赛区国家跳台滑雪中心

设计时间	2017.5-2018.5
开工时间	2018年7月
竣工时间	2020年12月
建筑规模	29000m^2
建筑地点	河北省张家口市崇礼区

1. 项目概况

北京2022年冬奥会与冬残奥会分为北京、延庆、张家口三个赛区。张家口赛区包括云顶滑雪公园与古杨树场馆群2个竞赛场馆群以及太子城冰雪小镇。云顶滑雪公园承担自由式与单板滑雪比赛；古杨树场馆群承担跳台、越野、冬季两项以及北欧两项滑雪比赛。太子城冰雪小镇为赛时提供保障服务。

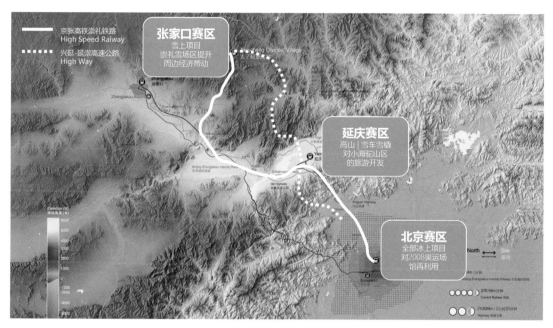

图1　北京2022冬奥会三赛区规划布局

图2　张家口赛区三组团规划布局

国家跳台滑雪中心位于古杨树场馆群内，占地约62.5hm²，规划建设大跳台（HS140）、标准台（HS106）、训练跳台（HS20）、训练跳台（HS40）、训练跳台（HS75）5条赛道。

国家跳台滑雪中心主体工程由顶峰俱乐部、中段滑道区（包含HS140、HS106两条赛道与裁判塔）、底部体育场组成。顶峰俱乐部高49m，头部外径79m、内径36m。底部体育场外径170m、内径150m，可容纳观众近10000人。跳台东西轮廓最大长度约460m。顶峰俱乐部约13000m²，其中会议观光层约3700m²；中段裁判塔与设备用房约1000m²；底部体育场约15000m²。其他比赛临时设施约10000m²。

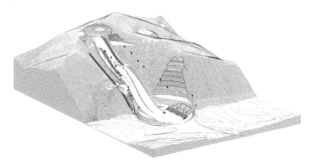

图3　国家跳台滑雪中心总体轴测图

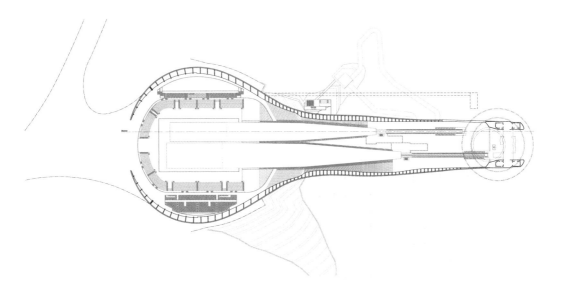

图4　国家跳台滑雪中心总体平面图

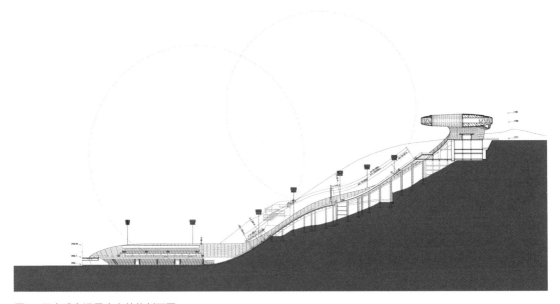

图5　国家跳台滑雪中心总体剖面图

国家跳台滑雪中心承担跳台滑雪男子个人标准台、女子个人标准台、男子个人大跳台、男子团体大跳台、跳台滑雪混合团体（新增）5个小项的比赛，还与国家越野滑雪中心共同进行男子个人标准台＋10km越野滑雪、男子个人大跳台＋10km越野滑雪、男子团体大跳台＋4×5km接力越野滑雪3个小项比赛。

2. 设计理念

跳台设计充分利用了国际雪联认证的赛道剖面S形曲线，在顶部增加了一个顶峰俱乐部，在底部增加了一个体育场看台，自然地形成了中国传统文化物件——如意的形象。即利用跳台赛道剖面的S形曲线和中国传统物件如意的S形曲线契合的特点，形成一种对冬奥赛事独到的中国文化表达，形象地称为"雪如意"。如意的曲线可以用永久性的侧翼建筑构件来实现，侧翼又兼具挡风作用，不但拥有美观的造型，还可以在局部节省防风网的昂贵造价，同时和建筑形态也能有更好的契合。设计理念使得中国传统文化得到世界的广泛认可。设计概念一经推出就得到了多方的认可，国际奥委会的电视转播频道因此选择了如意作为张家口赛区电视转播画面的主要背景。

图6 赛道剖面的S形曲线与如意曲线契合

图7 利用跳台作为OBS的转播背景

　　在赛后遗产利用方面，雪如意将变成各种展览、夏季音乐会以及其他体育赛事的场馆，甚至是企业和文化界精英的论坛、沙龙场所。因为它独特的造型必将成为旅游观光的景点，成为张家口赛区赛后重要的体验性旅游观光点。

图8　跳台的赛后利用

3. 场地地形

国家跳台滑雪中心位于古杨树山谷之中，山谷呈西北东南走向，山顶到山底落差约为170m，山谷纵向自然坡度平均为35°。鉴于跳台建设场地情况非常复杂，设计之初先通过GIS对场地进行分析，做到精确选址。然后对该场地进行实体建模与数字化建模，得到1m等高线的精确山地实体模型与BIM模型，实体模型直观清晰，BIM模型方便进一步开展山体挖方、填方等山地塑形计算工程量的工作，从而为后续开展建筑设计工作提供了精确的前置条件。

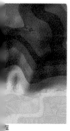

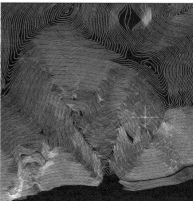

图9　跳台建设场地的数字化模型（一）

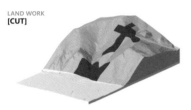
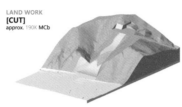

图10　跳台建设场地的数字化模型（二）

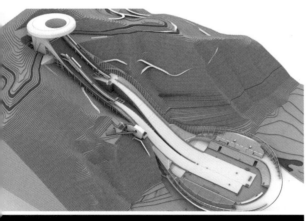

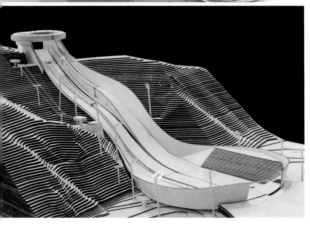

图11　跳台的数字模型与实体模型（一）

4．装配式内容

国家跳台滑雪中心结合跳台滑雪竞赛需求，设计形态优美的"雪如意"造型。考虑到山区建设条件不利因素较多，故采用较多的装配式系统来应对。建筑整体结构主要采用钢结构体系，具有代表性的装配式内容包括顶峰俱乐部钢结构系统、装配式外幕墙系统、看台预制混凝土台阶系统、助滑道系统等内容，整体装配率达到90%。

顶峰俱乐部钢结构系统

顶峰俱乐部为赛时运动员的出发区，按照高低跳台出发高度要求，分别设高低两个跳台出发平台与滑道区助滑道衔接。赛时参赛人员可由底层北侧入口进入运动员大厅，完成出发前的准备后可直接到达标准跳台出发平台，或者乘大厅内的观光电梯到达大跳台出发平台。运动员大厅空间高大，赛后可作为各种展示活动使用。

图12　跳台的数字模型与实体模型（二）

　　贵宾可由西侧广场直达与大跳台同一标高的入口平台及过厅，可直接观览大跳台出发平台，或经南侧核心筒客梯到达顶层会议厅或下部贵宾接待大厅，由大厅可俯瞰运动员准备或出发区。顶部会议厅及贵宾接待厅在赛后可分别作为会议和各种展示活动空间。

图13　顶峰俱乐部顶层内部

后勤服务可由底层北侧核心筒直达各服务楼层。因顶峰俱乐部依山而建，西侧下部两层嵌入山体，为配套设备用房。

顶峰俱乐部建筑高度49m，顶部圆环观光层直径79m，最大悬挑37m，为国内悬挑长度最大的单层整体式观光平台。顶峰俱乐部位于绝对高程为1749m高山顶，处于山谷风口顶部，风荷载较大。所在场地地震设防烈度为7度，抗震设防类别为乙类，安全等级为一级。

由于悬挑巨大，又处于高海拔地区，施工条件非常不利，结构方案充分考虑这些因素，上部环形结构整体采用钢结构，屋盖部分及楼盖部分均采用正交圆钢管平面桁架＋水平支撑的结构体系，屋盖及楼盖在竖向通过外环斜撑、内环斜撑及核心筒的钢柱及斜撑形成整体空间受力体系，装配率达到100%，结构较轻，易于施工，对环境影响小。

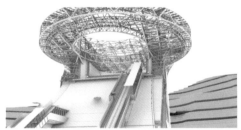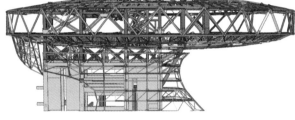

图14　顶峰俱乐部顶部圆环结构

图15　顶峰俱乐部顶部圆环结构施工照片

对于下部结构，由于需要具有较大的刚度实现屋顶结构的悬挑，采用了现浇钢筋混凝土剪力墙结构。利用建筑楼梯间，布置钢筋混凝土剪力墙核心筒，每一侧两组核心筒间利用设备层楼盖，将两个核心筒联系起来使其共同作用，作为该结构的主要抗侧力体系。

装配式外幕墙系统

国家跳台滑雪中心幕墙在工厂加工预制构件或板块单元，配合参数化设计、信息化管理，运输到建筑施工现场，通过科学可靠的连接方式在现场装配安装幕墙。

装配式幕墙系统由穿孔铝板幕墙、全玻幕墙组成，幕墙板块数量多、造型复杂，大多分格为4m×1m，重量约150～250kg。现场施工作业条件恶劣，项目工期紧，装配式幕墙的系统可大大提高现场的施工质量和施工效率。

装配式外幕墙系统具有以下优点：

1）大量的装配工作在车间组装线上完成，可以有效地控制单元板块的加工精度和质量。

2）大大降低了现场的工作量，一般情况下单元板块的生产可随同主体施工同步进行。

3）安装速度快，施工周期短，比较适合体量大、周期紧、气候恶劣地区的项目。

4）能减少现场的建筑垃圾，符合绿色建筑的要求。

两翼穿孔铝板幕墙

"风"对跳台滑雪这项运动的影响至关重要。根据比赛特点，跳台滑雪要求瞬时风速<3m/s，无横风，而且逆风更有利于比赛。国家跳台滑雪中心在赛道两侧设计了侧翼造型，一方面勾勒出如意优美的曲线，另一方面也有效地起到挡风作用，避免比赛期间横风的突然出现，确保运动员在空中的安全。侧翼采用双层穿孔铝板幕墙，穿孔率为37%。

图16　跳台侧翼穿孔板

考虑跳台主体钢结构只有4m间距的结构柱，将侧翼的铝板优化成4m×1m的单元板块，每个板块通过竖向的立柱与主体结构进行连接，横向的横梁上、下板块之间进行插接，形成组合杆共同抵抗风荷载，其核心节点做法如下：

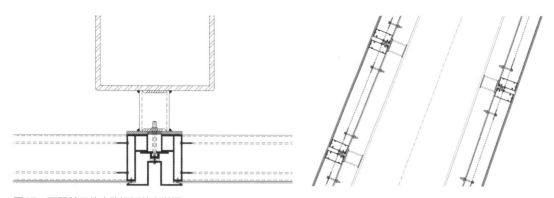

图17　两翼单元体穿孔铝板节点详图

　　装配式幕墙工艺流程：利用BIM软件，对板块进行深化设计及系统分解，所有数据均采用参数化处理。

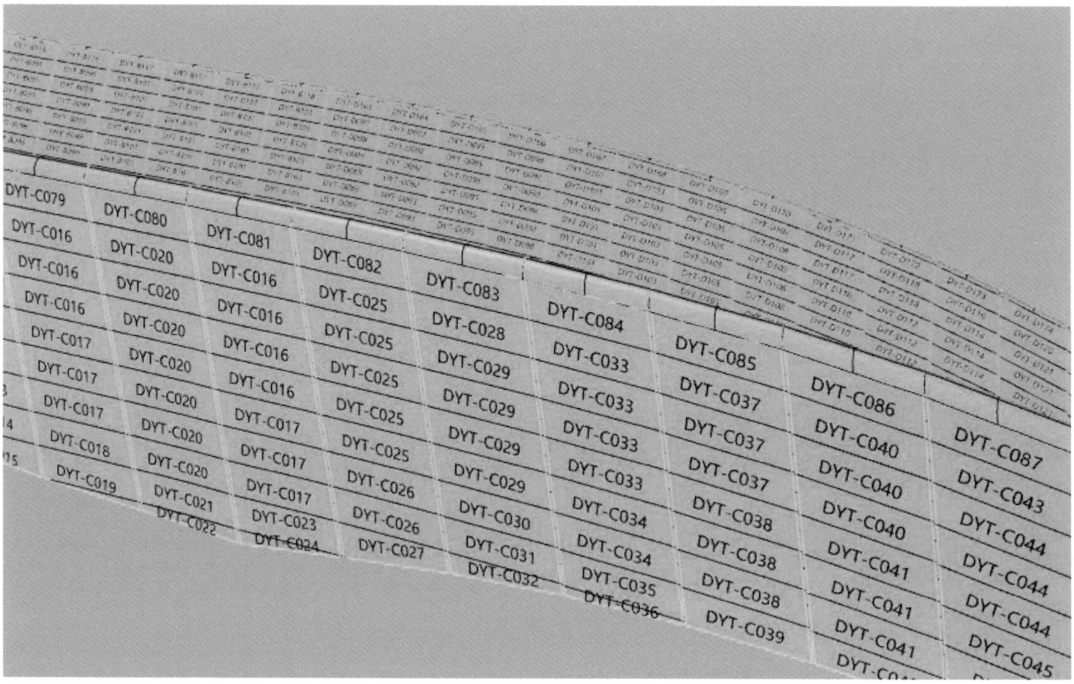

图18　两翼单元体穿孔铝板幕墙采用参数化设计

　　面板和龙骨等构件在车间生产线进行生产、一次组装，再整体运输到现场，进行二次拼装。全过程严格的品控能保证板块的精准度及视觉效果，有效应对跳台建筑特殊造型的需要。

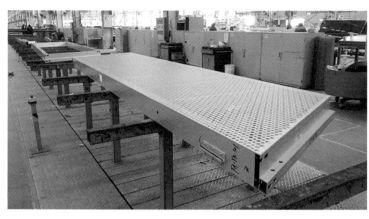

图19 单元体板块的生产与运输

图20 板块的现场挂装（一）

图21　板块的现场挂装（二）

顶峰俱乐部双曲穿孔铝板幕墙系统

　　幕墙表皮为双曲面，曲率变化不规则，每块铝板板块均不相同，需单独开模制作。铝板为4mm厚双曲穿孔铝板（穿孔率37%与18%两种搭配，大小孔错位布置）。

　　采用侧面安装角码，一是操作人员可以在板背面反吊安装铝板（现场双曲位置无法搭设脚手架等施工辅助措施），二是侧面进出有较大的调节量，可最大程度消化双曲龙骨的制作误差。

　　为减少空间点位的控制，采取单元板块的方式先进行施工模拟，每横、竖各三个分格组成一个单元板块，在地面设置相对平面及相对坐标原点进行板块的组装，然后吊装到既定部位组装单元板块，很大程度上提高了安装精度及工作效率。

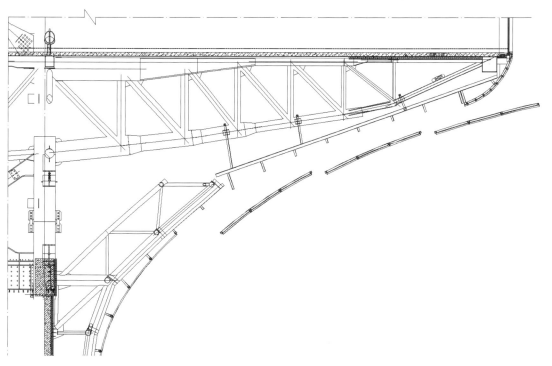

图22　顶峰俱乐部单元板块安装示意

顶峰俱乐部玻璃肋全玻幕墙系统

玻璃肋全玻幕墙具有通透性好、安全性好、施工速度快的特点。

单块玻璃面板重量达到800kg，定制12爪电动吸盘进行安装，过程中增加绑带等安全措施。模拟现场施工条件进行实体样板安装。通过施工模拟，找出施工重点、难点，展现最终外视效果，通过样板暴露出可能的问题，在实际施工过程中规避问题。

图23 顶峰俱乐部玻璃肋全玻幕墙效果

图24 顶峰俱乐部单元板块安装示意

看台预制混凝土台阶系统

国家跳台滑雪中心看台区位于滑道区底部，由看台区建筑及室外场地组成，看台区建筑沿落地区两侧设置，可容纳约10000人观赛。南侧看台建筑顶部设置贵宾看台以及注册座席看台，赛时供贵宾、新闻媒体工作者、运动员及教练观看比赛及颁奖使用。建筑内部设有运动员休息及训练区域、辅助比赛人员工作区域、贵宾及要人休息观看比赛的区域、安保人员管理工作区域，以及配套辅助用房和后勤服务用房等。

看台台阶采用预制混凝凝土台阶系统，即在混凝土结构斜板上设置预埋件，预制混凝土台阶通过预埋件固定在混凝土斜板上。

图25　国家跳台滑雪中心底部看台效果

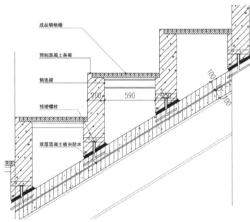

图26　看台预制混凝土台阶系统

助滑道系统

助滑道系统作为跳台滑雪项目最重要的体育竞赛设施，运动员需要借此加速到90km/h的速度然后起跳，这对建筑安装精度要求非常严格，以确保运动员的安全。国家跳台滑雪中心包括HS140与HS106两条助滑道，两条助滑道通过高程分别为1749m和1771m的两个出发平台与主体建筑连接，运动员从出发区通过助滑道加速滑下并起跳，在底部落地区落地完成整个跳台滑雪比赛动作。助滑道系统由钢格栅台阶、围栏、助滑道模块、平衡系统、灯光系统等组成，整套系统安装在赛道底层的曲面楼板之上。目前全世界只有三家公司可以生产助滑道系统，国家跳台滑雪中心助滑道系统是由斯洛文尼亚的MANA公司提供，在斯洛文尼亚生产加工后，运输到中国安装。

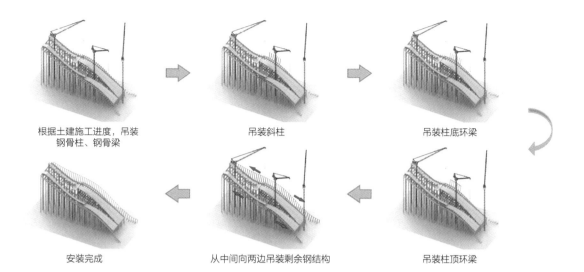

根据土建施工进度，吊装
钢骨柱、钢骨梁

吊装斜柱

吊装柱底环梁

安装完成

从中间向两边吊装剩余钢结构

吊装柱顶环梁

图27 助滑道系统（一）

图28　助滑道系统（二）

图29　助滑道系统（三）

国家跳台滑雪中心建成后将是国内第一座通过国际认证、符合国际比赛标准的跳台滑雪体育场馆。正如前文所述，本工程地处高海拔极寒的山区，气候条件恶劣、设计要求高、建设难度大，设计之初即决定采用多个装配式系统，从而减少现场作业，确保本工程能够高质量地完工，打造冬奥会历史上雪上场馆的建设典范，为举办一届精彩、非凡、卓越的冬奥会增辉添彩。

图30　施工中的国家跳台滑雪中心

团队合影

项目小档案

设 计 单 位：清华大学建筑设计研究院有限公司
合作设计单位：Renn Architekten，MANA，北京城建设计发展集团股份有限公司，北京市勘察设计研究院有限公司
建 设 单 位：张家口奥体建设开发有限公司
总包施工单位：中铁建工集团
幕墙施工单位：河北新华幕墙，北京江河幕墙
主要设计人员：张 利 张铭琦 张 葵 姚 虹 王 冲 潘 睿 江曦瑞 吴 雪 刘永彬 邓慧姝
　　　　　　　夏明明 甘 草 阎梓寒 张梦瑶 潘小剑 杨 霄 李滨飞 徐京晖 王一维 刘力红
摄　　　　影：布 雷
整　　　　理：张 利 张铭琦 王 冲 阎梓寒 杨 霄 张 裕 张 猛 谢 毅 金 明

访谈工作照

装配式技术打造"雪如意"

——评北京2022年冬奥会与冬残奥会张家口赛区国家跳台滑雪中心

清华大学张利教授主持设计的国家跳台滑雪中心"雪如意"，作为北京2022年冬奥会张家口赛区最重要的雪上场馆，吸引了建筑及社会各界的广泛关注。"雪如意"工程优美而合理的建筑形态背后，运用了大量装配式设计建造技术，一定会成为北京2022年冬奥会众多雪上场馆的重要亮点工程。

国家跳台滑雪中心拥有优美的建筑形态，令人过目不忘。由于跳台滑雪比赛的特殊性，历届冬奥会上跳台滑雪场馆都是标识性建筑之一，赛后成为当地重要的奥运遗产。张利教授巧妙利用跳台赛道剖面的S形曲线，在顶部增加了一个顶峰俱乐部，在底部增加了一个赛场看台，使场馆形态自然地与中国传统物件"如意"相契合，形成一种对冬奥赛事独到的中国文化表达，被形象地称为"雪如意"，其侧翼又兼具挡风作用，在局部节省防风网的昂贵造价。国际奥委会因此将选择国家跳台滑雪中心作为张家口赛区电视转播画面的主要背景，使得中国传统文化借助冬奥会契机得到广泛传播。

国家跳台滑雪中心采用了大量的装配式技术，确保工程在不利的建设条件下高质量完工。工程地处崇礼高海拔极寒的山区，气候条件恶劣，山形地貌复杂，现场施工条件极为不利。而跳台场馆本身工程量巨大，建设周期短，且由于跳台比赛的特点需要大量的异形建筑构件。针对跳台工程的特点，设计采用了多个装配式系统，实现模数化设计、工厂加工、现场安装，从而大大减少现场湿作业，确保工程能够在环境不利条件下高质量完工。国家跳台滑雪中心整体结构主要采用钢结构体系，具有代表性的装配式内容包括顶峰俱乐部钢结构系统、装配式外幕墙系统、看台预制混凝土台阶系统、助滑道系统等内容，整体装配率达到90%。该项目建成后将是国内第一座通过国际认证、符合国际比赛标准的跳台滑雪体育场馆。

我曾经参观过国家跳台滑雪中心的施工现场，当时顶部圆环的主体钢结构正在施工，这个圆环直径达到近80m，最大出挑近40m，圆环距最近地面的落差近50m，距离跳台结束区的地面落差更是达到了160m，施工难度极大。当时正值腊月，气温近-15℃，我看到施工现场有大量组装好的钢结构构件，通过塔吊运往高空的既定部位进行安装，现场工人不是很多，但由于安装装配式构件的操作程序相对简单，因此施工效率非常高，这给大家留下了深刻印象，我想张利教授和他的设计团队完美实现了在设计之初就决定采用装配式建造系统的初衷。相信装配式技术打造的"雪如意"一定会成为冬奥会历史上场馆建设的典范，助力中国举办一届精彩、非凡、卓越的冬奥会。

点评专家

李兴钢

1969年出生于河北唐山，现生活和工作于中国北京。1991年和2012年分别获得天津大学学士和工学博士学位，2003年创立中国建筑设计研究院李兴钢建筑工作室，现任中国建筑设计研究院总建筑师、天津大学客座教授/博士生导师和清华大学建筑学院设计导师。 以"胜景几何"理念为核心，他的建筑研究与实践聚焦建筑对于自然和人密切交互关系的营造，体现独特的文化厚度和美学感染力。主要建筑作品包括元上都遗址博物馆、绩溪博物馆、天津大学新校区综合体育馆、唐山第三空间综合体、元上都遗址工作站、北京大院胡同28号院改造等。获得的国内外重要建筑奖项包括: 亚洲建筑师协会建筑金奖（2019）、ArchDaily 全球年度建筑大奖（2018）、WA中国建筑奖（2014/2016/2018）、全国优秀工程设计金/银奖（2009/2000/2010）等，他是中国青年科技奖（2007）和全国工程勘察设计大师荣誉称号（2016）的获得者。作品参加威尼斯国际建筑双年展（2008）等国内外重要展览。

团纪彦

日本著名建筑大师。1956年出生于日本神奈川县，1979年毕业于东京大学工学部建筑学科，并于槇文彦研究室完成研究生课程。1984年完成美国耶鲁大学建筑研究生课程。

在台湾完成了日月潭向山中心以及台北桃园国际机场第一航站楼改扩建项目，这两个项目都获得了台湾建筑首奖。在日本国内，作为日本桥室町地区的总规划建筑师，对城市街区再生改造提出了实践性的规划（获日本城市规划学会设计奖）。另外，代表性项目还有日吉周边整备计画/日吉ダム本体修景計画及び円形橋（获日本建筑学会业绩奖及土木协会设计奖），表参道的Kevaki品牌大楼建筑（获日本建筑家协会优秀作品奖），以及在中国近期即将完工的宁波市高新区滨江公园展示中心和江苏宜兴市的彬风堂陶艺馆。

设计理念

设计理念如同右图所示的"共生"思想。

亚洲每个地域都有各自不同的自然环境以及历史，而在建筑与城市之间，就如同人与自然或是人与都市之间的关系丝丝相扣，并保留了多样性的文化。可随着20世纪以欧美为主导的科技进步，人类征服自然界的欲望更加强烈。然而这种行为破坏了自然界，也使全球模式化下的每个城市其特有的地域性慢慢不见了。目前我认为在自然环境与城市关系之间，如何创造出"21世纪下新的共生秩序"的建筑是当下最具挑战的。

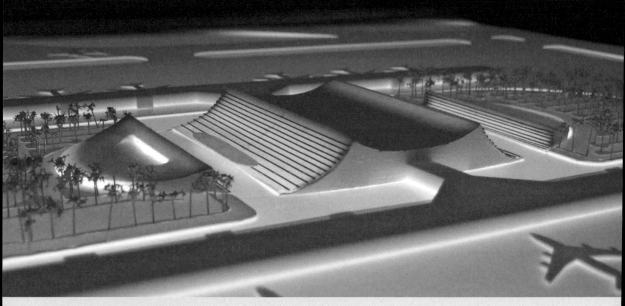

图1 设计投标模型（一）

台北桃园国际机场第一航站楼改扩建项目

设计时间 | 2006年
竣工时间 | 2013年
建筑面积 | 107610m²（扩增部分：28540m²）
地　　点 | 台北市

台北桃园国际机场第一航站楼始建造于1979年，由台湾著名结构专家林同棪运用了当时最先进的预制预应力结构体系所建造，亦可看出建筑形体上有受到美国华盛顿杜勒斯机场的影响。但老旧的机场已经不能满足现代机场的各功能要求。在改建及新建投标方案中，为了符合现代化需求并成为台湾的崭新门户，在不否定旧有建筑以保留空间记忆的情况下，我们提出建造出新的建筑构造体系，让过去与现代能同时并存——即"新旧共存"的设计理念。

图2 设计投标模型（二）

1. 建筑设计理念

本项目将原有第一航站楼在持续营运的情况下进行建筑物的改扩建。在既有的本体两翼加盖大型屋顶，将以前没有利用到的外部平台包覆起来，希望在不增加楼板面积的情况下扩增建筑功能空间。而作为原有建物外壁主要特征的整排斜向立柱也被纳入室内，持续在建筑内部空间中扮演重要元素的角色。

大屋顶的主钢梁采用悬垂曲线的钢梁，再采用具有采光百叶效果的PC预制屋面板，在设计中此PC预制屋面板同时可兼抵抗地震与风压之结构功效，并利用压接工法进行固定端灌浆施工。这是将东亚传统建筑常见的屋瓦构造运用在现代建筑造型的表现。

新增屋面后，在原有机场的建筑形式——中心线左右对称的主轴上，我们在建筑功能上也采用对称形式，一侧为抵达（Arrival），一侧为离开（Departure）。

图3　改建后的机场外观

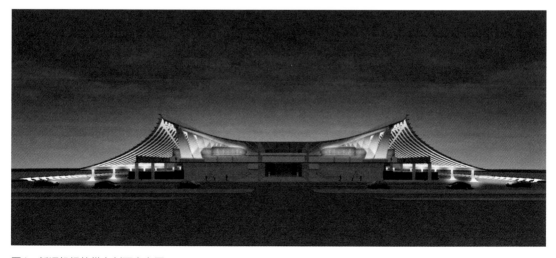

图4　新旧机场的纵向剖面意向图

2. 原有建筑结构形式的理解

原有桃园机场航站楼，采用20世纪70年代最先进的预应力结构系统设计而成。原有航站楼的结构设计者，林同棪先生在概念上延续美国沙里南的"悬垂钢缆"（Suspended cable）的概念，然而在表达钢缆悬垂的概念时，林同棪的设计相比美国沙里南的设计，则来得更精致，更大胆。林同棪先生将包裹钢缆的悬垂梁与预制方型混凝土板合二为一，即在相邻的两座预制方型混凝土板之间，留有足够空间让垂悬钢缆通过，利用钢缆两侧的预制方型混凝土板的侧板作为永久性模板，并在钢缆下方设置临时的支撑模板，现场浇灌此钢筋混凝土悬垂梁，两侧的预制方型混凝土板的侧板，作

锯齿状沟槽，将悬垂梁与预制方型混凝土板扣合形成整体结构。全屋顶共用了1334（纵向23×横向58）块预制方型混凝土板，为了将这单元预制方型混凝土板结构成一弧面屋顶，除了短向的钢筋混凝土悬垂梁将两侧的预制方型混凝土板压紧连接之外，在长向方向也使用20支预力钢绞线（Prestressed tendon），同样置于预制方型混凝土板之间，并在长向方向也预加拉力束紧。因此，利用这个简单的结构原理，便架设出屋顶面积200m×96m的庞然混凝土大屋顶。

图5 预制方型混凝土板所形成的内部空间

图6 原有机场大楼照片

3. 建筑增建屋面方案说明

增建两侧钢屋顶在整个平面上也采用对称布置，保留长向立面每侧15根立柱，各立柱间距14m，共计196m，两侧屋檐悬挑2m，屋顶长向200m。短向立面左右对称，屋顶短向宽95.8m。原有的外阳台侧的空间都纳入了室内，将迎客及送客大厅都布置在新增的钢屋顶之下。

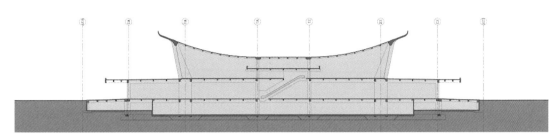

图7　原有航站楼剖面图

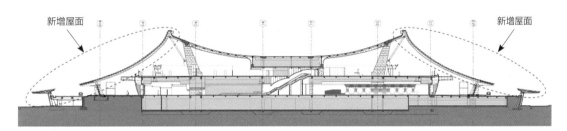

图8　新增屋面后的航站楼剖面图

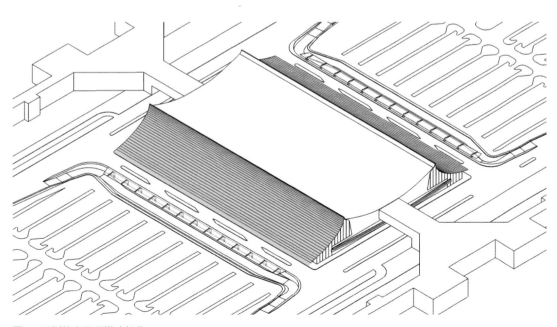

图9　两侧的大屋顶增建部分

  整个新增屋面体系中，在建筑材料上采用了钢材、预制混凝土、铝合金窗框架及玻璃这四种可进行装配式建造工法的材料。每个构件之间的节点设计也是将这四种材料特性加以协调，并满足其屋面的防水、采光及立面等建筑功能效果。

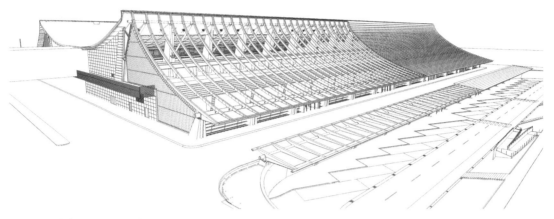

图10 设计阶段的三维SU模型

图11 新增屋面后的自然采光迎客大厅

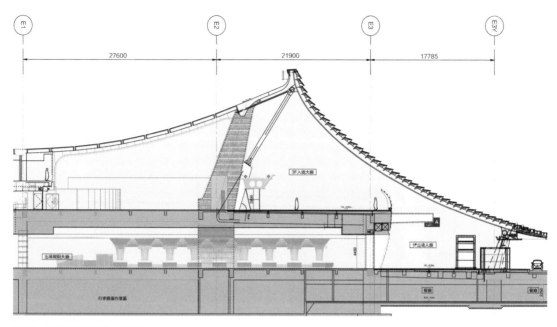

图12　新增大屋顶的立面图

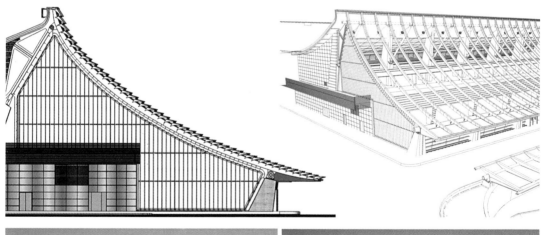

图13　新增大屋顶的侧山墙立面的效果图

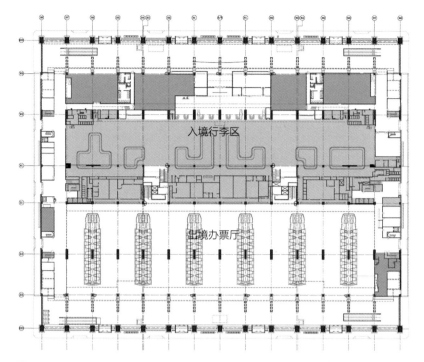

图14 一层平面图

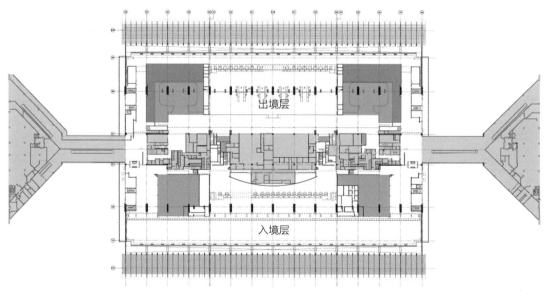

图15 三层平面图

原有机场航站楼的平面图及短向剖面图上都可以看见中心对称线，建筑形式以此中心线左右对称，结构完整对称，功能上也采用对称形式，一侧为抵达入境层（Arrival），一侧为离开出境（Departure）层。扩建案沿用此设计原则，维持既有的功能安排，并对称扩建建新的功能区来满足空间需求（见平面图）。

图16　短向剖面效果图

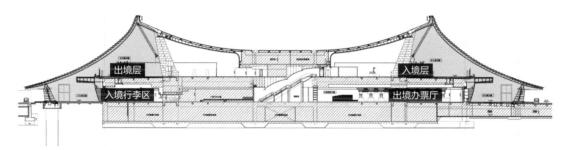

图17　短向剖面图

图18　建成之后的夜景照片

4. 交通组织的梳理

原有航站楼由于家用车及巴士、计程车在同一层，没有合理的交通组织，而本改扩建案将车辆动线设置在上下两层；下层停靠巴士，上层停靠家用小车及计程车，有效处理了交通混乱的问题。

图19 改建后的交通组织

另外，在方案投标阶段，我们对如兴建新航站楼之间的比较，得出了本改扩建计划案可以将建设预算压到新建航站楼的1/20，CO_2的排放量也缩减到了1/10。

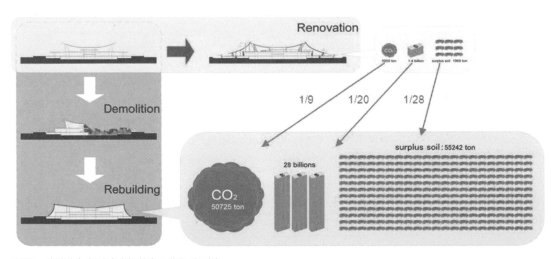

图20 改建案与新建案之间的各项指标之对比

原有建筑的预应力混凝土大柱，其角色从室外转为室内后，设计中二楼大柱用玛瑙绿大理石进行包覆，对原有PC预制屋面板底采用格栅吊顶。利用点灯光来亮化整个出入境空间的特殊性。

图21　二楼用玛瑙绿大理石包覆的大柱

图22　一层办票大厅的室内设计大量采用木构元素

图23 室内出入境大空间的照片

5. 安装施工组织计划说明

机场的增建部分的钢结构及预制屋面板设计方案及施工组织计划中，其中钢结构主柱支撑部分如下图，其构件连接及柱脚部分采用了螺栓固定连接方式，便于安装。

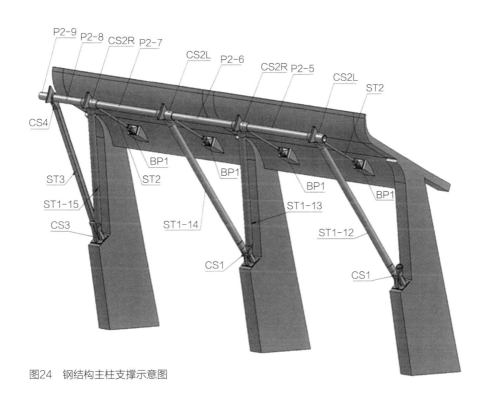

图24　钢结构主柱支撑示意图

图25　每品支撑钢主梁的构件都在地面进行组装后，整体进行吊装定位

在扩建的钢屋面，也采用了由平行的弧形钢梁型形成的基本弧面来呼应原有屋面的弧形。弧形钢梁间以PC预制小梁来连接，最终由PC预制屋面板来完成整个屋面的弧面结构。PC预制屋面板的设计形状如鳞片，而同时整个预制钢筋混凝土屋面板又为结构，然后在其表面以轻型铝板包覆作为装饰，远视如鳞片覆体在阳光下闪烁生辉。PC预制钢筋混凝土屋面板的两端各设置两锁孔，弧梁上预先焊接的两支钢棒穿过锁孔，并用以螺帽固定，因此每一片"鱼鳞片"由四支螺栓固定于两侧之弧梁上。所有PC预制钢筋混凝土屋面板与弧形钢梁的接合均为"刚性接合"，因此整个屋面形成一稳定的膜结构与原有航站楼的结构形式形成呼应。

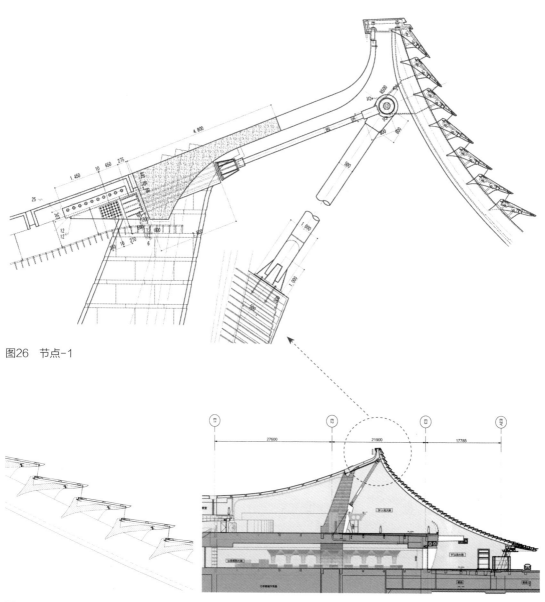

图26　节点-1

图27　PC预制屋面板的形状　　　　图28　新增钢屋面的剖面图

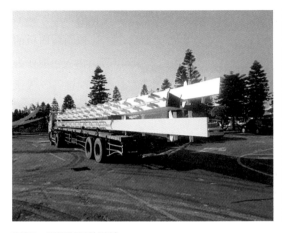

图29 弧形钢梁的运输

图30 弧形钢梁的现场焊接

图31 弧形钢梁吊装前的现场堆放

图32 弧形钢梁的吊装（一）

图33 弧形钢梁的吊装（二）

图34 吊装完成后的弧形钢梁

图35 原有航站楼的外立面（地下一层的巴士停靠站已修建完成）

图36 在原有航站楼外侧安装钢屋顶梁

图37　PC预制屋面板的堆放

图38　PC预制屋面板的吊装（一）

图39　PC预制屋面板的吊装（二）

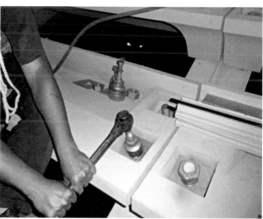

图40　PC预制屋面板的螺栓固定

图41　PC预制屋面板的安装（一）

图42　PC预制屋面板的吊装（三）

图43　PC预制屋面板的水平度调整

图44　安装后的内部空间

图45　PC预制屋面板一体的铝合金窗框安装

图46　整个屋面安装后的位移现场控制监测

图47　PC预制屋面板的安装（二）

图48　安装完成后的内部空间

图49　PC预制屋面板的安装照片

图50　整体屋面安装完毕照片

自2004年取得本案的设计权，至2013年7月底完工，桃园国际机场第一航站楼的改扩建工程共历时九年。这个过程因各方面因素显得漫长，而整个项目可顺利的建造完成更加离不开整个设计团队（有来自著名的渡边邦夫先生和台湾当地的设计配合团队），以及台湾工程施工营造厂商的大力配合。

原有航站楼的设计以结构为主导，难度高而且有趣，PC预制混凝土方块构件本身既是结构主体，也是建筑，其概念与形式表里如一。而我们在整个扩建屋面的设计上也遵循这条主轴，在对原有航站楼的结构形式致敬之时，扩建屋顶从曲面钢梁结构主体到PC预制屋面板构件的细部设计上，也都精彩有序，整体效果十足。扩建工程完成后，从最近几年的使用上来看，已经受到使用者的肯定，"如何在有限的既有资源中，做最佳的安排"这一的重要设计内容得到了最佳的论证。

译者及编排：涂志强（男）

译者简介：2001年留学日本，2002年考入日本横滨国立大学的建筑研究生课程。并于2004年在日本构造设计集团SDG公司内开始勤工俭学，参与到设计中。于2005年研究生毕业后加入日本构造设计集团SDG开始负责中国项目，并参与了台湾台北桃园国际机场改扩建项目的设计工作。

访谈工作照

项目小档案

项　目　名　称：桃园国际机场第一航站楼改扩建工程

地　　　　　点：台湾桃园县大园乡航站南路9号

场　地　面　积：57600m²；建筑面积：107610m²（其中15540m²增建）

工　程　造　价：新台币 27.5亿（约7亿人民币）

建　设　单　位：民用航空局

施　工　总　承　包：丽明营造（1期），中华工程（2期）

主　创　设　计　师：团纪彦

设　计　团　队：

建　筑　设　计：团纪彦建筑设计事务所＋许宗熙建筑师事务所

结　构　设　计：构造设计集团＜SDG＞＋弘运工程顾问＋筑远工程顾问

电气/给排水/空调：井上宇市设备研究所＋正弘工程顾问

室　内　及　景　观：团纪彦建筑设计事务所＋许宗熙建筑师事务所

新与旧之合掌

——评台北桃园国际机场第一航站楼改扩建项目

以"在原有机场基础上做最佳的设计"为设计主题的台北桃园国际机场第一航站楼改扩建项目设计竞赛中，其他参赛方案都倾向于拆旧建新；而团纪彦却选择了在原有航站楼两侧扩建，新旧建筑形态功能"合掌"交融的精彩方案,让原有航站楼重获新生，令人拍案叫绝。

针对让桃园机场的客流量从每年500万人次提升到1500万人次这一设计要求，团纪彦认为只需在原有室外平台上增建新屋顶，尽可能利用现有资源,就能达成目标,这种尽可能降低建筑对环境造成负担的可持续发展建筑观,是团纪彦一直坚持的设计信念。针对改扩建方案与拆旧新建方案,团纪彦团队进行了CO_2排放量及造价概算的计算对比,从而确认了"改扩建"是最佳方案。这种基于定量逻辑理性判断得出的结果，最具客观性，最环保务实，同时也是更艰难的设计挑战。

在改扩建方案中，团纪彦不仅彻底理解了原有航站楼的建筑结构逻辑，更尊重之前的结构设计师林同棪赋予建筑的结构形式。在重要的选材方面，用钢＋预制混凝土构件对位钢筋混凝土，精妙地响应了绿色节能及装配式建筑观念；以钢结构之轻与钢筋混凝土之重的对比来表现屋面，完美诠释了其结构与形式的内涵意义。团纪彦从建筑的"适当性"出发，无论是结构的造型，还是空间的功能，都采取了让新旧建筑"合掌共鸣"的手法与态度；这种对新旧建筑融合的承诺，创造出建筑与空间的无穷魅力。

当前国内很多建筑作品，缺少技术人文历史美学的逻辑内涵；建筑设计被盲目的造型追求所束缚，不自觉地沉陷于狭隘的个人美学口味，常用不知所云的虚玄概念作挡箭牌。而团纪彦的设计平实深刻，从建筑功能技术美学与文化逻辑入手，在西方现代大跨度建造技术中融入东方精巧的传统瓦构手法；从原有建筑的西式大空间，扩展出具东方美感的曲面"合掌"坡屋顶与空间，在充分满足功能目标的同时，完美融合了历史与当代、西方与东方。既尊重了建筑的历史，又尊重了台湾地域文脉。团纪彦的桃园国际机场第一航站楼改扩建方案兼备"时代性""地域性"之深刻意义，实为不可多得的优秀建筑作品典范。

点评专家

———

施燕冬

　　现任教于暨南大学，在日本留学工作20余年。在装配式建筑领域完成了诸多国际知名的作品。其中在大跨度装配式建筑方面参与了2008年北京奥运会水滴体育场的设计；在2010年上海世博会日本馆的设计中，由于建筑场地为滩涂地，为避免改良地基造成环境破坏，施教授采用了钢结构＋ETFE太阳能夹心充气表皮的全装配式建筑设计，最大限度兼顾了节能与环保，获得了世界的瞩目；在2013年武汉群星城项目中，施教授设计了世界首创的装配式绿化陶板表皮，塑造了楚文化新时代的建筑风土肌理。

袁烽

同济大学建筑与城市规划学院副院长，教授，博士生导师；麻省理工学院（MIT）客座教授；
中国建筑学会计算性设计学术委员会副主任委员；中国建筑学会建筑师分会、数字建造学术
委员会理事；上海市数字建造工程技术中心学术委员会主任。

主要专注于建筑数字化建构理论、建筑机器人智能建造装备与工艺研发，并在多项建筑设计
作品中实现理论与实践融合，一直积极推广数字化设计和智能建造技术在建筑学中的应用。

已出版中英文著作10本，多次特邀在哈佛大学、麻省理工学院、哥伦比亚大学、密西根大
学、苏黎世联邦理工大学等校讲座，其设计曾多次参加国内外展览，屡获国际、国家级各类
奖项。

设计理念

探寻人机协作时代的数字人文场所精神。

回到未来视角，审视当下"人类世"的建筑实践的意义。机器作为思考与建造的双重工具，成为人的主体性的延伸，工具已经不仅仅是主客体之间的实现媒介，而正在成为彼此。参数化设计方法并没有成为形式主义的温床，而正在成为人机协作的载体，重新建立起了从"意图"到"建造"之间的全新连接。

图1　川西林盘、环抱中的安仁OCT "水西东" 林盘文化交流中心

四川安仁 OCT "水西东" 林盘文化交流中心

设计时间	2018年
竣工时间	2018年
建筑面积	2200m²
地 点	四川成都

四川安仁OCT "水西东" 林盘文化交流中心位于四川省成都市大邑县安仁镇林盘区域的中部，西邻槐木河，周边被大面积的田野与竹林环抱。设计试图融入原有自然景观，延续川西传统建筑的材料、空间要素，在建筑结构性能化的新思维和数字建造创新营造方法指引下，通过基于建筑机器人平台的 "工厂预制＋现场装配" 建造模式，探索建筑文化性与建造性的共存，在地性与新技术的结合，将地方的场所精神与未来建筑新观念以及新技术进行融合。

1. 人机协作的乡村新实践

四川大邑县安仁政府与成都安仁华侨城文化旅游开发有限公司合作，通过农民居住土地的置换，既通过城镇化提升了农民的生活质量，又重新规划与示范未来林盘空间质量的全新可能。

整体空间规划设计构思来自宋朝诗人黄鉴的诗《过安仁》:

"图画宛然山远近，人家对住水西东。"

诗中描绘的自然人文场景成为项目感知地方灵魂的起点。整体空间布局包括3组建筑，经由漂浮于地景之上的曲径复合长廊，到达主体建筑，旁边配有农耕服务辅助建筑。

图2 复合长廊和主体建筑

水西东主体建筑的功能定位是未来林盘地区整体再开发的先导与示范展示中心，试图营造建筑与林盘共生的全新空间模式。在保护周围的林盘植被与河流的同时，设计也保留了农耕文化与林盘田居的独特生活体验。主体建筑为两层的天井式院落空间布局，底层布置了展示、接待、会议、交流和相应辅助功能，二层主要为一系列不同大小的独立房间，可用于品茗、抚琴、用膳、弈棋，与自然交融，与天地互动。

整个建筑设计从风土的二元关系出发，既传承了建筑类型学的原型，又试图塑造东方空间的全新感受。屋顶通过向外大幅度的出挑，营造旷远的空间姿态;屋顶向内庭院一侧通过一条优雅的曲线下探，连接起天空与大地边界的柔绵之意，重新思考在地的场所要素及其关系，这也是我们探索林盘人居模式的初衷。

图3 院落屋檐的柔绵之意

建筑选用胶合木、回收砖、板岩瓦作为主要材料，探索了当代装配式建筑在新唯物主义哲学引导下探求新材料数字建构的全新可能。数字技术驱动下的建筑结构性能化设计，是以性能最优为设计目标，通过几何生形计算、结构性能模拟、迭代与优化过程，寻找具有结构合理性的空间形态设计过程。这种设计方法强调对几何逻辑、结构逻辑与建造逻辑的一体化整合，理性地实现了传统性与当代性的融合。

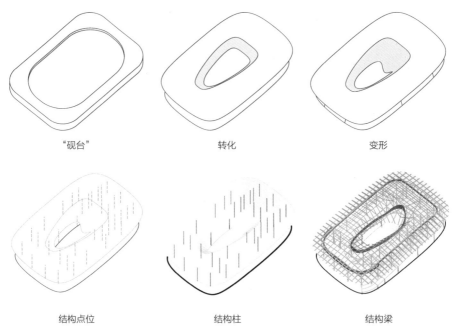

| "砚台" | 转化 | 变形 |

| 结构点位 | 结构柱 | 结构梁 |

图4 水西东意向生成

2. 装配式钢木复合结构

建筑主体结构采用装配式钢木组合结构，胶合木与钢木组合结构扩展了当代装配式建筑中下木结构的新可能。

水西东运用钢柱实现了轻巧通透的空间，屋顶则通过钢木复合的设计策略实现，主要技术难度在于主体建筑屋架结构5m的深远挑檐。中国传统建筑自古以来就有深挑檐的传统，并发展出了一系列独居适应性的结构特点。在结构性能的设计思维下，设计团队深入挖掘了传统木构的结构原理，并通过装配式体系进行现代转译。

图5　二楼东侧走廊

　　深挑檐的结构原理提炼自中国传统建筑的斗拱，斗拱通过华栱层层出挑，支撑挑出的屋檐，并利用杠杆原理的昂避免了深檐倾覆：昂一头担住出挑屋顶的重量形成动力力矩，另一头压在上部构件之下形成阻力力矩，实现斗拱在柱头节点的稳定平衡。在展示中心主体建筑的主梁部分，以变截面工字钢梁作为"昂"，工字钢梁一端向外伸出支承出挑木梁并在梁柱节点形成动力力矩，另一端向内伸出承托内部木梁形成阻力力矩，实现屋架在外圈钢柱节点处平衡。钢木悬臂梁设计实现了材料、结构、空间、形式的综合诉求：上部工字钢梁承受拉力，可以避免钢材失稳问题，并以斗拱原理实现了平衡；在工字钢梁辅助下，轻质胶合木梁实现了5米挑檐，展示了木材良好的水平出挑能力；钢木复合梁以钢板插入型连接实现，形式美观，受力合理；复合梁不牺牲檐下空间，"深挑檐"这一传统空间元素在巧妙的转译下实现了简洁现代的表达。

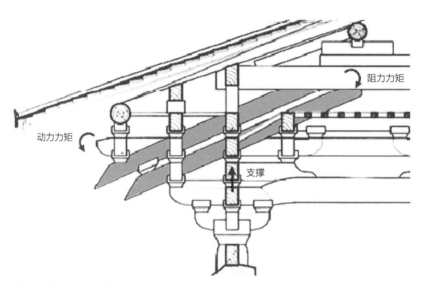

图6　斗拱中的昂通过杠杆原理实现平衡

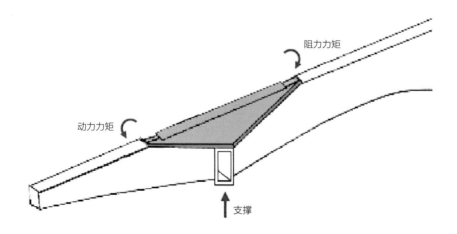

图7　钢木主梁的工字钢梁通过杠杆原理实现平衡

钢木组合屋顶的设计策略包括钢木构件替换、构件组合等不同的材料优化方式，以灵活的设计策略实现了整体屋面：在井格形胶合木梁的初步设计基础上，内外圈轴线置入方钢圈梁，屋面四角及下探部分受力集中的木梁以方形钢梁代替，主梁以变截面工字钢梁和变截面胶合木梁的复合构件实现，布置方向垂直于内外圈梁，次梁为垂直于主梁的短胶合木梁。

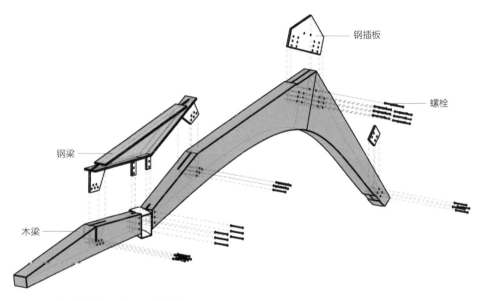

钢插板

螺栓

钢梁

木梁

图8　钢木复合梁以钢板插入型连接实现

现代胶合木的加工制作方式使其适用于结构性能化优化的思路，胶合木无论是尺度还是截面形式都可以根据整体受力性能进行优化，实现变截面的重型胶合木构件。项目使用的悬挑梁为双线变截面梁，外直内曲的形式体现了对结构逻辑、建造逻辑的综合考虑：一方面，悬挑梁的内部曲线变截面是截面高度的结构优化的结果，截面高度与弯矩相协调，可以减轻自重、节省材料；另一方面，外部的直线有利于屋面的防水保温层铺设。双向变截面的胶合木构件形式简洁、合理，以最少的材料完成结构，造型轻巧新颖。

图9　木梁截面拓扑优化

　　通过模型对结构、几何、建造信息的整合，装配式钢木结构实现了高效、精准的工厂加工和现场装配。差异化的曲面木构件通过铣削加工被完美呈现，基于数字模型的平型数据，使钢构件、节点也能在工厂快速预制完成。

　　构件加工完成后，于工厂进行编码并运至现场吊装，现场首先进行了钢结构梁柱部分的安装，之后顺次安装钢圈梁、钢木组合主梁、角部钢梁、次梁，之后对角部钢梁进行了木包钢处理，在不到一个月的时间内完成了现场装配，实现了很好的成本和工期控制。

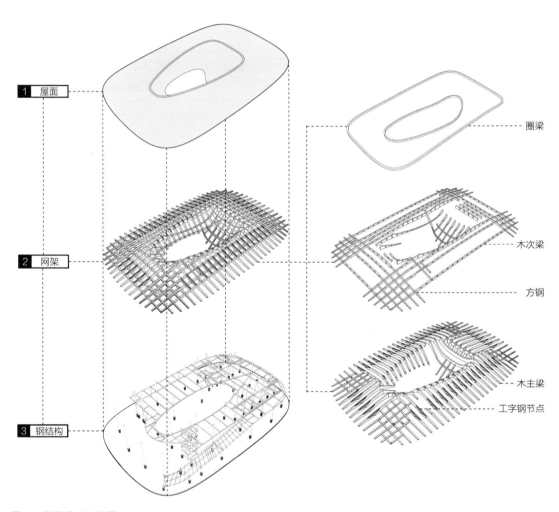

图10　结构体系示意图

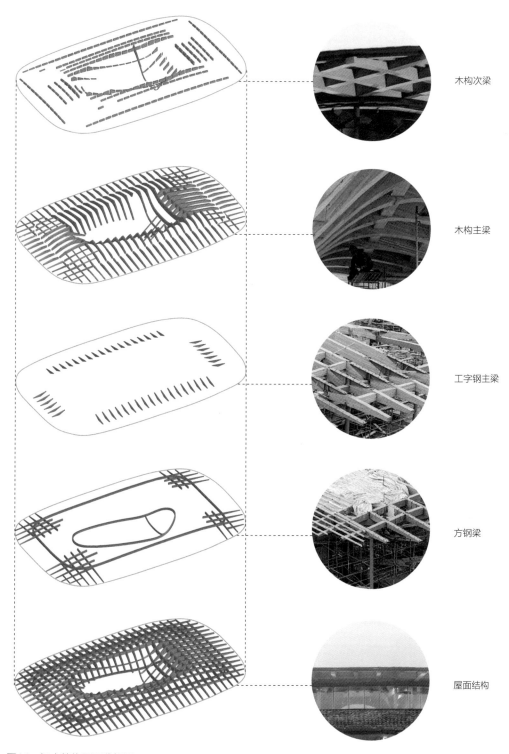

木构次梁

木构主梁

工字钢主梁

方钢梁

屋面结构

图11 钢木结构屋顶分析图

图12　水西东内院

3. 预制装配化砖墙

外立面砖墙设计以传统全顺式砖墙为原型,应用数字化设计工具从三个方面进行设计生成与优化:首先在设计意向上以川西地区的川河水流为原型,提取川河水流意向图的灰度来对砖的砌筑角度进行干扰,调整单数层砖的旋转角度;其次是根据机器人建造逻辑进行设计优化,通过一造科技自主研发的FUROBOT机器人编程软件来对机器人建造过程进行模拟和检测,规避机器人砌筑过程中可能发生的碰撞和预测建造效率;最后是针对装配式施工的设计深化。考虑到林盘文化交流中心的砖墙面积大、周期短,我们对"机器人预制+现场装配"的数字砖墙工艺进行了创新探索,整体砖墙被划分为一个个预制块先在工厂进行机器人预制,后到现场进行拼装,合理的分块尺寸和分块构造设计成为深化阶段的重点优化内容。

砖墙的建造过程体现了机器人工厂预制与现场装配建造的高效性。数字砖墙总面积超过1000m²,将其分为400多个1.5m×1.5m的预制单元。所有单元的预制钢框在工厂生产加工完成,砌筑机器人在预制钢框内完成砌筑,形成一个个的砌体单元,所有的砌体单元经过编号后,通过吊装的方式在现场进行快速搭建。最终,仅耗时10天即完成整个外墙的现场建造施工。

图13 水西东外立面数字砖墙工艺

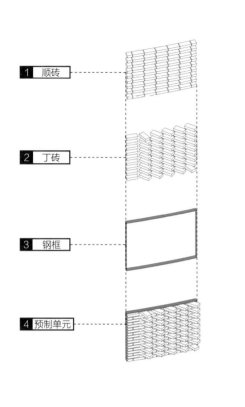
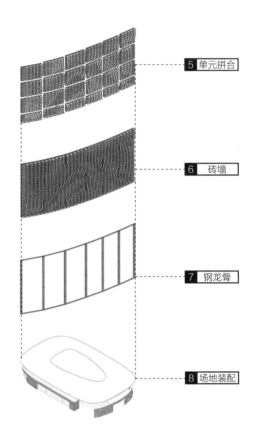

1　顺砖
2　丁砖
3　钢框
4　预制单元

5　单元拼合
6　砖墙
7　钢龙骨
8　场地装配

图14　装配式砖墙围护体系示意图

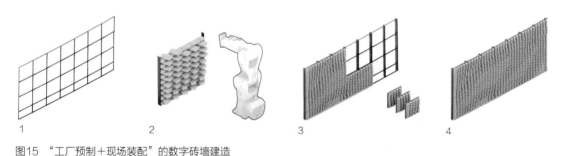

1　　　　　2　　　　　3　　　　　4

图15　"工厂预制＋现场装配"的数字砖墙建造

4. 机器人3D打印内墙

　　"水西东"林盘文化交流中心中的室内装饰内墙的设计与建造中也应用了大量机器人3D打印技术,其中有超过300m²的内墙是由改性塑料经机器人3D打印完成,赋予了建筑产品前所未有的表现力。该项目中共设计了三种不同表现意向的机器人3D打印墙体,但机器人3D打印的表现力不只停留在形体层面,而是针对墙体的不同位置和功能对墙体的表面质感进行了定制设计。通过打印材料配比的改变和处理工艺的改变,机器人3D打印工艺的多样性在形式生产阶段就赋予了设计师全新的设计自由。

图16　主入口接待处机器人3D打印山水墙

在"水西东"林盘文化交流中心项目中,设计团队深入测试和完善了模块化机器人3D打印墙板的机器人生产与安装全流程工艺。由于预制工厂与项目场地距离较远,长途运输过程中的安全要求较高,无法采用大块甚至整体打印的方式来完成装饰墙板的预制化生产,因此寻找一种合理的分块打印建造方式和现场安装工艺成为本项目中的重点难题。最终,经过反复试验,所有的打印墙板依据打印工艺、打印形态和安装要求被划分成了从1m×1m到1m×1.8m不同大小的单元板:其中主入口山水墙被划分成1m×1m等大的板块,精准打印的板块通过干挂的方式在现场仅用时1天即可完成整个墙面的安装;会客室背景墙单元尺寸为1m×1.8m,并进行了无龙骨构造设计,通过打印件自身完成模块之间拼接和自支撑。

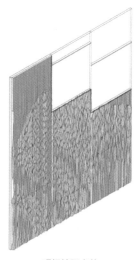
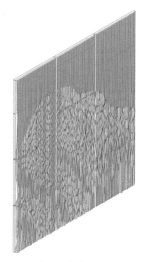

机器人工厂3D打印预制　　　　　　　　现场墙面安装　　　　　　　　主入口山水3D打印墙

图17　3D打印墙建造示意图

机器人3D打印构件在装配式施工方面的优势在这个项目中有着充分的体现:装配式构件不再是传统印象中统一化和标准化的构件,特殊的构造设计和形体设计都可以通过机器人3D打印的方式进行批量定制实现。

四川安仁OCT"水西东"林盘文化交流中心通过将人机协作下的数字建造与预制装配的建造策略结合,实现了多种数字化建造工艺的复合应用,探索了从建筑的结构系统到围护系统的预制装配建造策略,对于在场建造条件有限的乡村建设,通过简易的工厂预制、经济的物流运输和方便的装配建造,实现了可控的建构与环境品质下系统的开放、经济与高效。随着最新的数字建造技术尤其是机器人建造技术的发展,设计数据与建造数据之间的连接更加动态、开放、高效,这对于人机协作数字化建造的实现,数字建造产业效率提升、成本降低有巨大意义。

建筑实现了野趣与精致共存,正如此地的气质,林盘的生态本底,促进了技术与文化的对话与交融,这也是对地方灵魂的一种延续。希望这个项目的实验性建设可以将智能化、绿色化以及产业化理念引入社会主义新农村,为未来中国美丽乡村建设提供全新的注解。

图18 会客室机器人3D打印背景墙及座椅

图19　多层次的空间体验

项目小档案

设 计 单 位：上海创盟国际建筑设计有限公司
建 设 单 位：成都安仁华侨城文化旅游开发有限公司
施工总承包：四川亿能达建设工程有限公司
数 字 建 造：上海一造建筑智能工程有限公司
景 观 设 计：成都基准方中建筑设计有限公司
设 计 团 队
主持建筑师：袁　烽
建　　　筑：韩　力　孔祥平　顾华健　陈　浩　赵川石　付宇豪
室　　　内：何福孜　王　炬　王一非　刘露雯　唐静燕　崔萌萌
结　　　构：张　准　黄　涛　王　瑞　陈泽赳
机　　　电：魏大卫　王　勇　俞　瑛
数 字 建 造：张　雯　王徐炜　彭　勇　张　永　郝言存　徐升阳
预制3D打印：张立名　李　策　刘亮亮　张　杰　代世龙
摄　　　影：苏圣亮　杨天周
整　　　理：金晋磔　张立名　刘天瑶

访谈工作照

数字技术助力在地建造

——评四川安仁OCT"水西东"林盘文化交流中心设计

"以当代设计理念与建造技艺再现传统地方场所精神"是四川安仁OCT"水西东"林盘文化交流中心的独到之处。当今建筑师驾驭下的乡村设计很容易落入风格的俗套，袁烽巧妙地把数字技术支撑下的装配式工法工艺融合到地方性建造的实践探索中，让建造的科技性与文化性一体共存，令人耳目一新。

面对古镇区域林盘中部的田野，竹林与河流，以及乡村生活的野趣与自由感，袁烽力求建筑与川西林盘形意合一、人文交融。设计以传统砚台的意象为出发点，运用数字化设计进行了一系列拓扑变形与重构。为实现"水西东"林盘文化交流中心方案中优雅的曲线，袁烽在建造中引入建筑机器人，以新的建造模式结合了数字工厂预制与现场智能装配，不仅在实现形式的同时大大提高了加工精度与建造效率，还为建筑产业的绿色化、智能化奉献了一个具有启示性的案例。

在对屋面结构的思考中，袁烽借鉴了中国传统木构的智慧并采用钢木复合结构增加强度，同时对屋面进行了力学模拟，并对主次梁的材料进行了全面优化。在屋面选材方面，主梁由变截面胶合木梁与工字钢梁复合而成，其中变截面工字钢梁作为传统木构中的"昂"，实现了动力力矩与阻力力矩在钢柱节点的平衡；其余次梁以钢板插入型螺栓连接，传力明确，简洁有力。

外维护砖墙建造突破了传统砌砖方式，对砖的砌筑角度进行了设计，并通过自主研发的机器人软件对机器人建造过程进行了模拟与检测。面对砖墙面积大、周期短的难题，将其拆分为单元的形式交由机器人砌筑，并于现场通过吊装进行了快速安装，耗时仅10天。新技术与传统材料及其形式特征的结合，使建筑迸发出了新的生命力。

地方性乡镇的中小型建造实践要做到在地性与现代性的平衡，这无疑是一种挑战，要融合新兴技术则更添难度。当今数字时代下的乡村建设是一个新领域。这项设计建造实践新颖又和谐，既尊重了当地文化和场所特征，又将设计师对于建筑产业变革的思考与探索融入其中。这种人机协作的方式不仅完美地完成了作品从数字化设计，到预制化装配及现场快速安装的整套流程，还展现了这种模式的高效与可控，论证了其未来在乡村建设中的潜力。"水西东"对乡村建造、对建筑业的转型发展潜力而言，都是一次难能可贵的成功探索。

点评专家

———

韩冬青

　　1963年11月生人，籍贯江苏靖江。1984年6月毕业于南京工学院（今东南大学）建筑系，1991年6月获东南大学建筑设计与理论方向工学博士。现为东南大学建筑学院教授、博士生导师，东南大学建筑设计研究院有限公司院长、总建筑师、国家一级注册建筑师。兼任中国建筑学会常务理事、教育部高等学校建筑类专业教学指导委员会秘书长。2010年获评江苏省首批设计大师。

　　韩冬青教授长期从事建筑设计和城市设计教学、研究与实践。2007年创建城市建筑工作室（URBAN ARCHITECTURE LAB.）。主持国家重大科技专项课题1项，主持完成国家自然科学基金项目2项，省部级科研项目十余项，出版《城市建筑一体化设计》等专著3部，发表学术论文80余篇。主持完成南京电视台演播大厦、南京市妇女儿童活动中心、金陵大报恩寺遗址博物馆等工程设计项目数十项；主持和参与完成南京河西新城中心区城市设计、北京通州新中心9号地区城市设计等城市设计编制项目数十项；获全国勘察设计协会优秀设计奖和省部级设计奖二十余项。

张谨

张谨，1970年出生于上海，1991年毕业于东南大学工业与民用建筑工程系，现任中衡设计集团股份有限公司（原苏州工业园区设计研究院股份有限公司）总工程师。

研究员级高级工程师，一级注册结构工程师，英联邦结构工程师学会（IStructE）会员及特许结构工程师，住房和城乡建设部科学技术委员会建筑工程抗震设防专业委员会委员，东南大学产业教授。

长期从事结构工程设计及抗震研究等工作，主持承担多项大型复杂工程设计及课题研究，如苏州广电现代传媒广场、苏州中心"未来之翼"超长钢屋面、苏州湾文化中心、博世中国研发总部大楼和苏州工业园区档案管理中心大楼工程等。

设计项目获国家、省部级等优秀设计奖40余项，发表论文近30篇，出版专著《动力弹塑性分析在结构设计中的理解与应用》一部。

设计理念

在建筑设计以多种方式追求自然生动的美学表现时，结构设计则必须基于缜密的逻辑和恰当的技术。结构设计师尤其需要具备洞察全局的认识，剖析关键的能力，以及细致的措施手段，从而最大程度表现建筑设计的意图，营造"端正""精炼""准确"的特征，实现建筑自然天成、内外统一的风格表现。

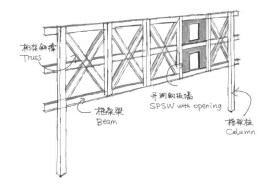

图1 项目实景鸟瞰图

苏州广播电视总台现代传媒广场

设计时间	2010年
竣工时间	2016年
建筑面积	330000m²
项目地点	江苏苏州

　　项目地处苏州工业园区商业金融业用地，是苏州重要的地标性建筑之一，为集办公、酒店和商业等一体的大型城市综合体。

苏州如同一幅"双面绣",既是一座历史悠久的文化名城,又是改革开放成果丰硕、现代化程度很高的大都市。本项目苏州广播电视总台是一个提供电视、广播和网络的信息文化产业,因此其总部大楼必然也是与之气质相符的文化建筑。该项目以玻璃、金属和石材的巧妙结合,与粉墙、黛瓦、窗棂、编织和丝绸的古城印象相呼应,在各类建筑功能元素上表现出现代设计与苏州传统文化的有机结合。

图2　设计理念

图3　效果图

图4　实景图

项目包含超高层智能办公楼（215m）、演播楼（51m）、酒店楼（165m）、商业楼（33m）及M形屋架等单体，其中办公楼、演播楼及M形屋架为建筑产业现代化示范项目部分，预制装配率达77%。

办公楼采用"钢框架—钢筋混凝土核心筒"的混合结构体系，用钢量约23000吨；演播楼采用"预制装配钢框架＋支撑＋大型空间钢桁架"结构体系，用钢量约11000吨；M形屋架为覆盖在中央广场的大型屋架，采用"预制装配空间预应力钢结构"，用钢量约670吨。

项目在整体布局上贴合城市肌理，将建筑形象极力展示给城市空间，与城市东西商业发展主轴相贯穿。

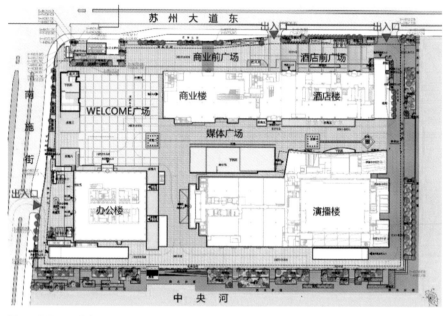

图5 项目平面分布

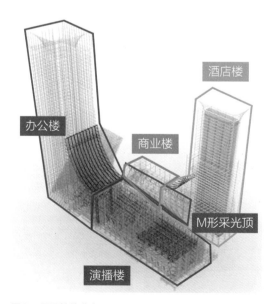

图6 项目单体分布

图7　沿街视角实景图

图8 广场视角实景图

设计中将项目广场作为集各功能于一体的综合性开放空间，衔接城市商业和社区文化。办公楼地上42层，地下3层，外围钢框架柱截面尺寸仅为400mm×（800~900mm），对超高层而言实属纤巧。

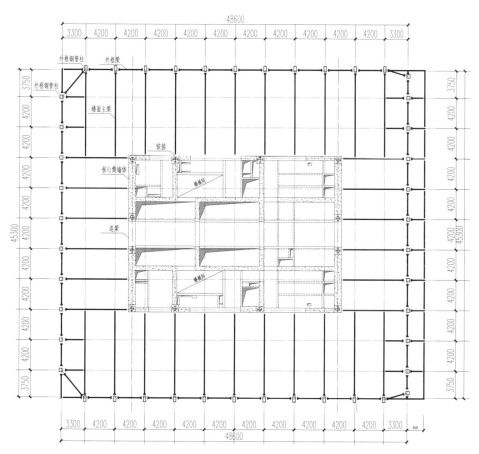

图9　办公楼结构平面布置图

办公塔楼的楼面主钢梁与外框柱采用刚接，与核心筒采用铰接，优化了结构受力机制。基于铰接端受力特点，采用变截面设计，减小梁高，有效提高了核心筒周边走道区域的净高。

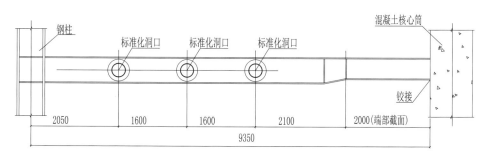

图10　楼面梁设计

　　大型城市综合体通常包括超高层塔楼与大底盘裙楼建筑，其巨大的高差是外表墙体屋面处理的难题，生硬地断开或者连接，难以解决沉降变形、传力复杂甚至连接处渗漏破坏等问题。

　　项目中办公楼塔楼高度215m，裙楼高度42m，在方案创作中，建筑师将苏州当地丝绸文化融于建筑立面设计中，垂幕形的造型对设计与建造提出"刚柔并济"的挑战。设计师通过力学找形分析，创新采用了"悬垂幕状造型"的钢结构和玻璃幕墙，实现了水平跨越40m、高差50m的连接共享空间。

　　对于部分受力复杂的关键节点，采用了铸钢件。铸钢件工厂预制后，在现场进行拼装，既保证了结构受力性能，同时达到了良好的建筑效果。

图11　办公楼中庭

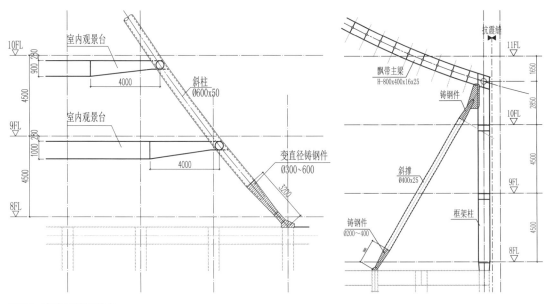

图12　中庭钢结构节点

在办公楼中庭屋面的建造中，突破了传统仅小高差采用滑移技术的限制，首次将滑移施工工艺应用于大高差结构，相关技术成果达到国际领先水平。

施工过程中，首先将结构按照榀数分成若干单元，保证在脚手架和胎架拼装后形成稳定的受力体系，进而进行卸载后滑移。考虑到滑移施工时上下端水平变形量难以保持完全一致，根据施工模拟结果对下支座增加竖向限位，保证滑移安全，同时应用计算机同步控制系统，有效提高结构在顶推滑移过程中的同步控制精度。

该方法与传统高空散拼相比，节约了大量操作脚手架的搭设费用，仅需在第一榀和第二榀范围内搭设脚手架操作平台，钢结构的吊装、组拼、焊接和测量校正等工序都可在同一胎架上重复进行，大大减少了材料及人工投入，符合绿色施工的节材理念，并且安全、质量、工期均能得到有效控制。

顶推力跟踪监测 　　　　　　　　　　　　　　红外线同步控制

滑移过程

图13　办公楼中庭施工现场图（一）

图14　办公楼中庭施工现场图（二）

办公楼裙房连廊跨越下部近40m宽交通通道，同时承受上部多个楼层的荷载作用，为典型的大跨重载连体结构。

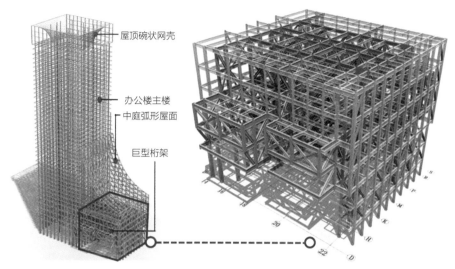

图15　办公楼裙房钢结构模型示意

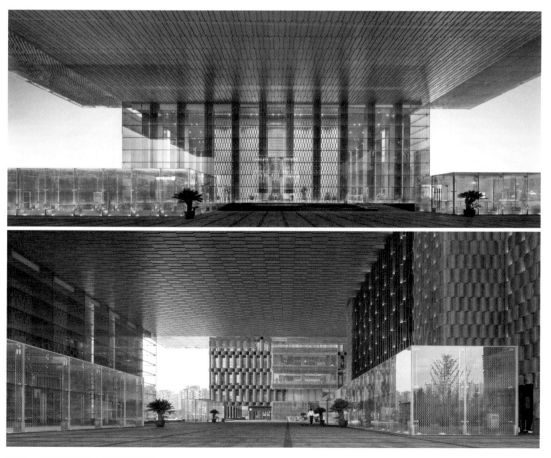

图16　办公楼裙房人行通道实景

在连廊设计时，如采用传统桁架，斜撑将影响楼内人员通行，无法满足建筑功能需求。项目中进行了相关科研攻关，通过理论分析、力学试验和现场测试等研究工作，首次将开洞钢板剪力墙体系与钢桁架有机结合，提出了新型"开洞钢板墙—钢桁架结构"，使桁架结构立面开洞位置、尺寸和形状不再受到斜撑的限制，在结构刚度合理配置的前提下最大限度满足建筑使用要求。

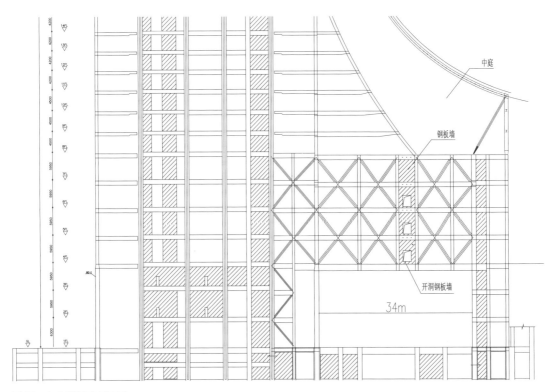

图17 办公楼裙房剖面图

图18 试验现场

图19 施工现场和实测

图20　M形屋实景图

　　项目中央广场上方覆盖有M形大型采光顶屋架，东西向全长约100m，南北向底部支座间跨度约34m，屋架整体搁置在办公楼、演播楼、酒店楼和商业楼4个结构上。

　　因单体间沉降变形、动力响应均不同，设计中将层间隔震技术与预应力空间钢结构体系结合，通过设置橡胶隔震支座吸收和适应地震中的不协调变形，并结合预应力拉杆技术解决屋架连接体复杂的受力和变形问题。

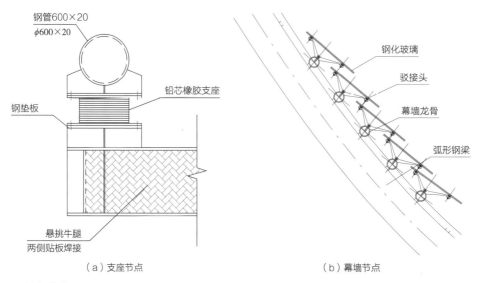

（a）支座节点   （b）幕墙节点

图21　M形屋架节点

　　建设过程中，首先将整个结构合理划分为若干个拼装单元（包括平面边桁架、空间边桁架和大跨度主管等），在地面对拼装单元进行加工制作后进行分单元吊装，并将桁架采用背侧的拉杆、拉索和建筑物进行有效连接，最后通过中间预应力拉杆对大跨度主管进行张拉，最终完成整体结构的施工。

　　将整个屋架分解成若干个分单元进行加工制作，可将复杂空间作业面转化为地面拼装作业，减少高空对接和焊接工作量，提高了整个施工过程的安全性；同时分单元地面拼装可以提前消除构件拼装以及安装过程中的误差，提高安装精度；单元通过高空吊装，无需按传统施工工艺搭设整体落地脚手架，减少了钢管扣件的投入，施工灵活方便，加快施工速度的同时，降低施工成本，符合绿色施工的要求。

隔震铅芯橡胶支座

节点安装

空间管桁架吊装

图22　M形屋架施工现场图（一）

侧边桁架　　　　　　　　　U形管无支架吊装　　　　　　　　　U形管间系杆焊接

图23　M形屋架施工现场图（二）

　　塔楼顶部，设计有上方下圆的异形钢网壳结构，设计中通过参数化优化设计技术，在满足建筑美学要求下获得最优结构曲面；建设过程中，根据曲面网壳变化规律构建了拼装单元模型，解决了加工制作、高空安装、累积变形偏差消除等难题。

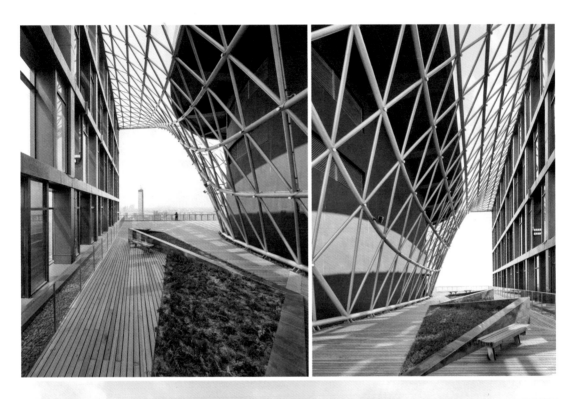

图24　塔楼屋顶钢网壳实景图

在钢网壳的建造过程中，首先针对结构特征将整体分割为多个单榀小桁架，在工厂进行单元式分段加工和预拼装，并复核坐标点数据；运输至施工现场分段吊装，采集实际坐标点数据，调整下榀桁架的加工数据，以保证整个屋架分块顺利安装，安装时精确定位固定桁架，补缺相邻桁架间杆件。为保证网壳结构的稳定性，拼装过程中按东西、南北两个方向由中间向两侧对称安装，同时采取两边缆风临时稳定措施，逐块完成整体结构的安装。

工厂分段加工和预拼装

底环梁安装

现场吊装

现场测量

分段桁架扩展安装

分段桁架对接

图25　屋顶钢网壳施工现场图

项目中办公楼和演播楼的楼面板均采用钢筋桁架楼层板体系，实现机械化生产，有利于钢筋排列间距均匀、混凝土保护层厚度一致，提高楼板的施工质量。

钢筋桁架楼层板属于无支撑压型组合楼层板，钢筋桁架在工厂定型加工，现场施工将压型板使用栓钉固定于钢梁上，再放置钢筋桁架进行绑扎，验收后浇筑混凝土，属于半装配式楼面支撑体系。

装配式钢筋桁架楼层板显著减少了现场钢筋绑扎工作量，加快施工进度，且装配式模板和连接件拆装方便，可重复利用，节约钢材，符合国家节能环保的要求。

该工程外幕墙系统包括单元式幕墙系统、凹凸状单元式幕墙系统、中庭点支式玻璃百叶系统、弧形穿孔板系统、演播厅双曲面玻璃幕墙和M形屋架点支式玻璃百叶顶系统等。

图26　钢筋桁架楼层板施工图

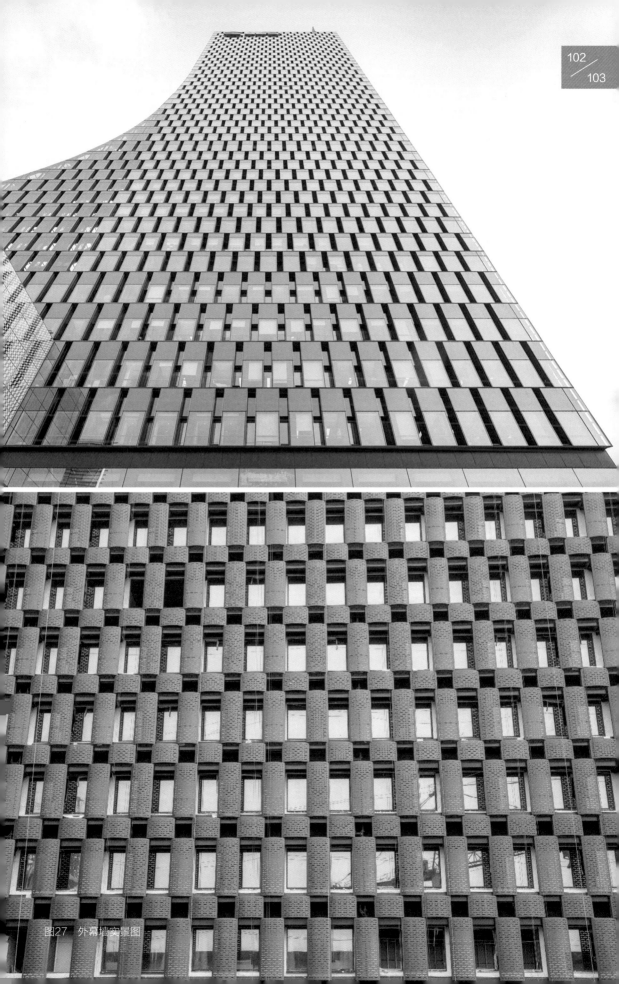

图27 外幕墙实景图

酒店式公寓楼的东西两侧采用单元式玻璃幕墙系统，立面为大面玻璃，简洁大方，同时考虑实际使用功能，竖向内凹内设有通风百叶，自然通风给人以良好的舒适感。通过采用单元式幕墙实现大面玻璃与凹槽之间的衔接转换，工厂内加工单元板块，现场进行放线安装，施工精度高、效率快，符合装配式设计思想。

图28 单元幕墙室外实景图

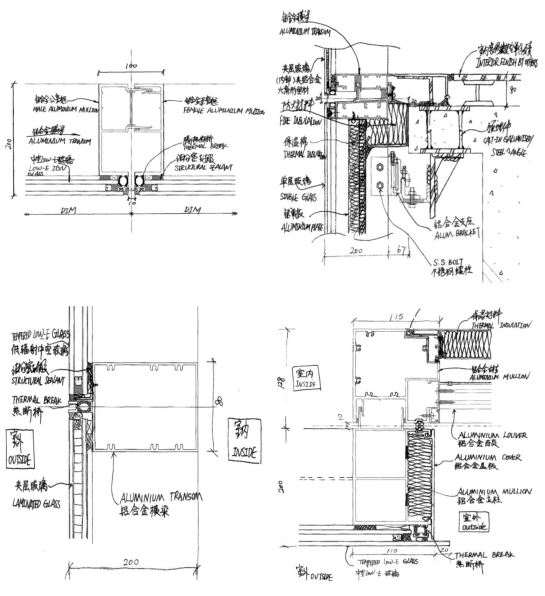

图29 单元式玻璃幕墙设计手稿

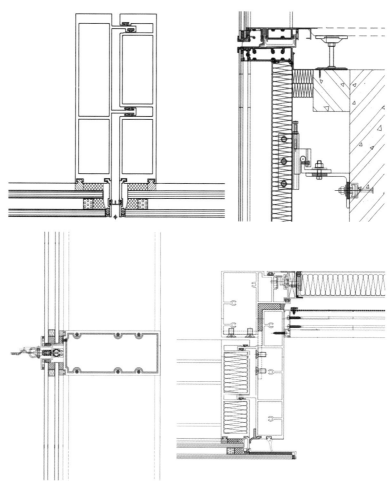

图30　单元式玻璃幕墙完工设计组图

办公楼的南北两侧采用凹凸状单元式玻璃幕墙系统,立面和凹槽均为玻璃,凹槽内侧面设有穿孔铝板和内开通气扇。从室外看,玻璃幕墙错落有致;从室内看,室内空间简洁大方,凹槽侧面布置穿孔铝板和内开通气扇。

图31　凹凸单元幕墙室外透视图

图32　凹凸单元幕墙室内透视图

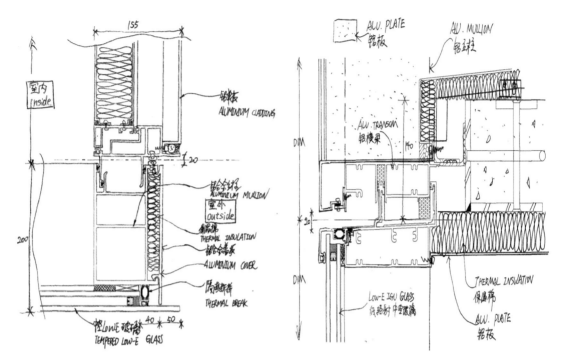

图33　凹凸单元幕墙设计手稿

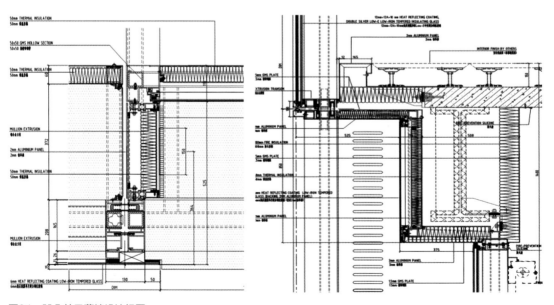

图34　凹凸单元幕墙设计组图

办公楼主裙房交接位置采用中庭点支式玻璃百叶系统，室内功能为游泳池，顶部为超大跨度空间。

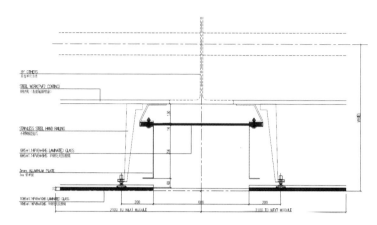

图35 中庭点支式玻璃百叶横剖节点图

图36 中庭点支式玻璃百叶室外实景图

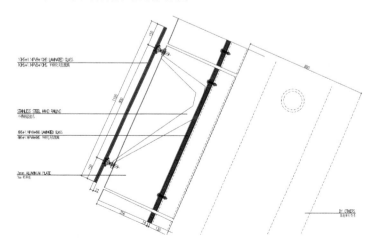

图37 中庭点支式玻璃百叶竖剖节点图

　　酒店塔楼南北面采用弧形穿孔板系统，由4mm特定弧形穿孔铝单板上下错位安装而成，内侧为铝合金窗系统。建筑室内功能为酒店，内墙面均为窗墙体系，在室外侧布置竖向弧形穿孔板可以丰富外立面，同时又起到遮阳作用。

图38　弧形穿孔板幕墙室外实景图

图39　弧形穿孔板设计手稿

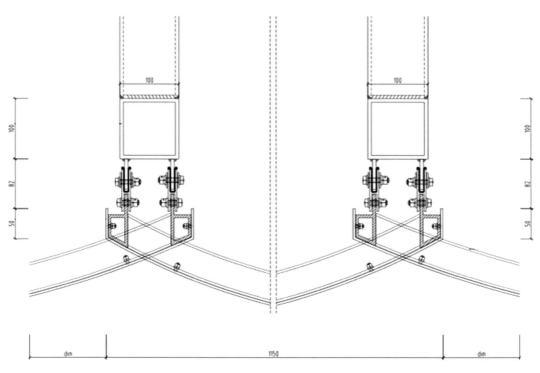

图40　弧形穿孔板完工设计组图

演播厅采用双曲面幕墙系统，通过合理设计，内部选用钢结构支撑体系形成通长走廊，结构轻巧；外侧采用双曲面玻璃，不锈钢驳接爪件，内外通透明亮。

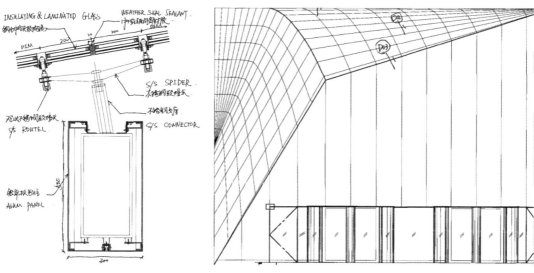

图41　曲面点式玻璃竖剖节点详图　　　　图42　演播厅幕墙方案图

图43　曲面玻璃幕墙室外实景图

图44　曲面玻璃幕墙室内实景图

　　裙房局部位置采用厚重感的石材作为底部装饰，通过圆弧的错位叠加增加建筑底部的厚重感。

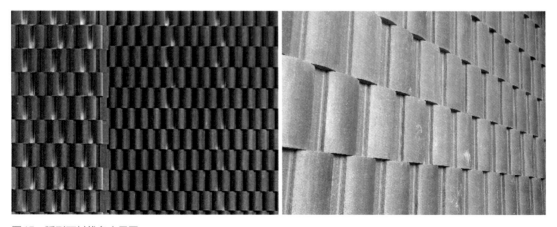

图45　弧形石材线条实景图

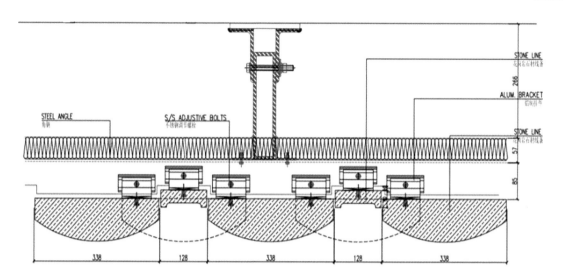

图46 弧形石材线条横剖节点详图

M形屋架采用点支式玻璃百叶顶系统，效果轻盈平滑，下侧为商业广场，人员流动大，同时具备通风防雨功能。

图47 M形屋架实景图

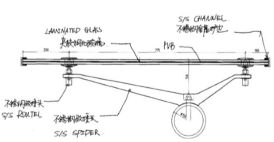

图48 点式叠披玻璃设计手稿

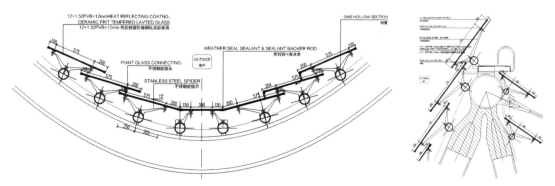

图49 点式叠披玻璃内凹位置完工设计图

图50 点式叠披玻璃顶端完工设计图

　　项目预制装配钢结构体量大、结构体系复杂、施工难度大，单元式幕墙及内装体量大，在方案阶段，利用RHINO、SKETCHUP和REVIT等平台对局部造型和建筑方案设计进行推敲并协助完成各参与方的沟通；在设计和施工阶段，基于REVIT平台，建立建筑、结构、水暖电各专业三维模型，进行BIM综合应用，包括标高定位、碰撞检查、管线综合、局部三维出图等。

　　采用BIM技术进行全过程模拟，有效避免预制构件安装偏差，很大程度上节约物力和人力资源成本。

图51　BIM模型图

　　针对M形屋架，通过BIM建模深化将整个曲面划分成梯形玻璃翼组合体，并设计优化透风玻璃雨幕的连接节点和构造形式，对模型空间坐标现场放样、调整，同时在建设过程中对4000多块尺寸不同的玻璃翼采用条码跟踪技术，通过BIM进行虚拟试安装。

BIM虚拟施工中，模拟出安装过程可能出现的技术和安全问题，提出相应的解决方案，得到工期最短、资源消耗最优的施工工艺和路线，以及如何对影响施工安全的隐患部位进行围护的措施和方法。

图52 基于BIM技术的虚拟安装图

项目内装部分遵循建筑工业化的理念，采用装配化装修技术。一层大堂核心筒墙面采用干挂罗马洞大理石板及拉丝微孔黑钛不锈钢板，部件工厂预制，现场干挂，安装过程精准快速，整体效果与建筑外立面内外呼应，干净利落，整齐划一。

图53　办公楼大厅实景照

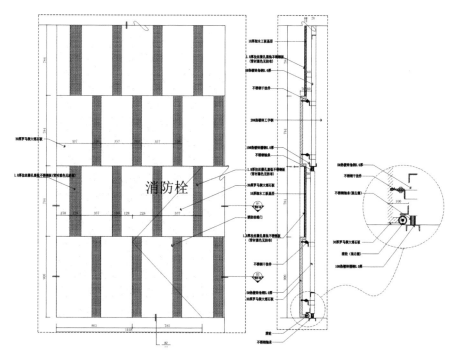

图54 墙面板节点图

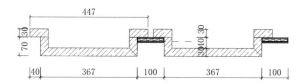

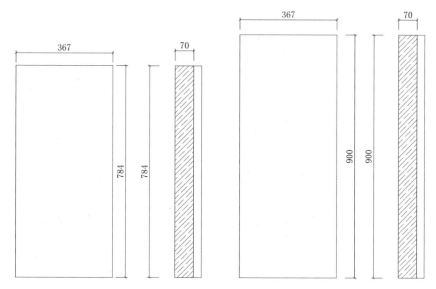

图55 大理石板详图

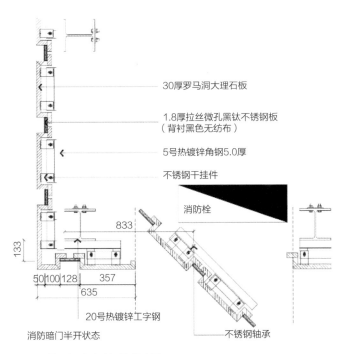

30厚罗马洞大理石板

1.8厚拉丝微孔黑钛不锈钢板
（背衬黑色无纺布）

5号热镀锌角钢5.0厚

不锈钢干挂件

消防栓

20号热镀锌工字钢

消防暗门半开状态

不锈钢轴承

图56　墙面板消防暗门处节点图

　　办公空间采用装配式铝板吊顶、架空地面和轻装龙骨内隔墙，完全干法施工，安装速度快。同时采用管线分离技术，与BIM技术相结合，地面和吊顶空腔内走线，不破坏建筑主体，后期空间调整、检修维护便利，集成化程度高。

图57　办公场所实景图（一）

图58 办公场所实景图（二）

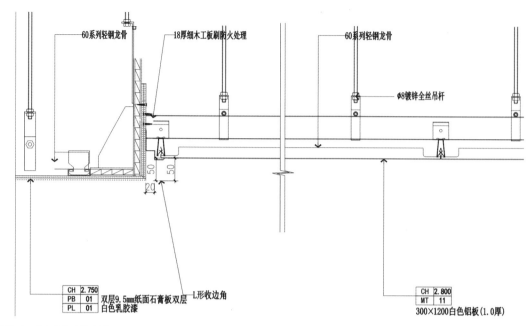

60系列轻钢龙骨　　18厚细木工板刷防火处理　　60系列轻钢龙骨

φ8镀锌全丝吊杆

CH	2.750
PB	01
PL	01

双层9.5mm纸面石膏板双层
白色乳胶漆

L形收边角

CH	2.800
MT	11

300×1200白色铝板(1.0厚)

图59　铝板吊顶节点图

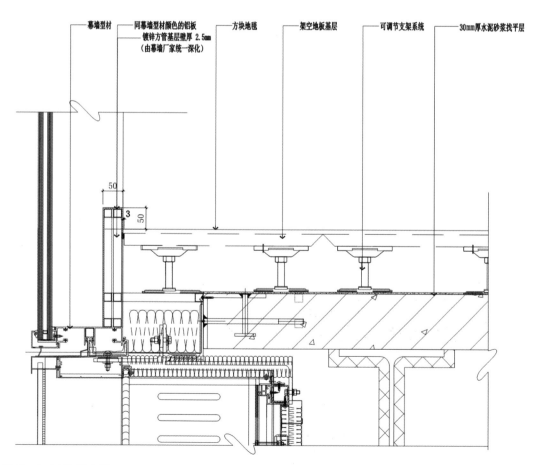

幕墙型材　　同幕墙型材颜色的铝板　　方块地毯　　架空地板基层　　可调节方管支架系统　　30mm厚水泥砂浆找平层

镀锌方管基层壁厚 2.5mm
(由幕墙厂家统一深化)

图60　架空地面节点图

项目采用预制装配式钢结构，结构美观，造型轻盈。结构构件在工厂加工制作，垃圾和废料的回收率较高，现场直接装配安装，缩短了施工周期，大幅度减少施工垃圾，降低了施工污染，实现绿色施工，节能环保，满足国家大力提倡绿色建筑的需求。

项目为江苏省建筑产业现代化示范项目，先后获得第十六届中国土木工程詹天佑奖、华夏建设科学技术奖（一等奖）、中国建设工程鲁班奖、全国勘察设计建筑结构专业三等奖和江苏省城乡建设优秀勘察设计一等奖等。

图61　项目实景图

宫川浩　　　喜多主税　　　石井太志　　　新亚宏　　　戴婧璘

日建设计主要设计人员

访谈工作现场

中衡设计团队合影

项目小档案

建　设　单　位：苏州市广播电视总台
设　计　单　位：株式会社日建设计，中衡设计集团股份有限公司
幕　墙　顾　问：澳昱冠工程咨询（上海）有限公司
施　工　单　位：中亿丰建设股份有限公司
方案、初步设计团队：株式会社日建设计
项　目　负　责　人：宫川浩
建　　　　　　筑：宫川浩　喜多主税　戴婧璘　石井太志　北泽诚男　岛田正和　岛田英明　小畑香
　　　　　　　　　藤仓正大
结　　　　　　构：塚越治夫　新亚宏　秦泉寺稔子　轴丸久司　朝日智生　龟田浩纪　夏瑾　樱木健次
设　　　　　　备：中村信治　后藤悠　胡睿　后藤祥仁
电　　　　　　气：泽村晋次　颜珂　伊藤昌明　森根义久
景　　　　　　观：根本哲夫　桥上司　长谷川一真
扩初、施工图设计团队：中衡设计集团股份有限公司
项　目　负　责　人：张谨　蒋文蓓
建　　　　　　筑：蒋文蓓　杨昭珲　周兰　高霖
结　　　　　　构：张谨　谈丽华　路江龙　杨律磊　王伟　傅根洲　杨伟兴
暖　　　　　　通：张勇　廖健敏　朱勇军　徐光　郭荣春　冯卫　戴坤　尚道东
给　　排　　水：薛学斌　李铮　程磊　陈寒冰　李军　倪流军　严涛　殷吉彦
　　　　　　　　　杨俊晨　郁捷
电　　　　　　气：傅卫东　王志翔　王祥　潘霄峰　杜广亮　张斌　叶云山　杨俊杰
摄　　　　　　影：秦伟
整　　　　　　理：杨律磊　龚敏锋

现代建筑设计与苏州传统文化的融合

——评苏州广播电视总台现代传媒广场设计

苏州现代传媒广场项目整体建筑造型优美，结构形式新颖，是苏州市乃至江苏省的地标建筑之一。该项目建筑高度228m，各单体建筑功能综合，包括高档办公、酒店、千人大型演播厅。

设计中通过新型设计技术和材料的巧妙结合，以钢结构的"语言"，在现代建筑设计上完美地诠释了苏州的古韵今风，传统的"粉墙""黛瓦""窗棂""编织"和"丝绸"等苏州元素清晰可见。

在项目设计中，包括高度接近70m、跨度40m的垂幕状中庭，连接两栋塔楼的M形大型钢结构屋架，以及塔楼顶部自由曲面钢结构花冠造型等，均体现了结构与建筑的完美结合，力与美的综合展现。

在建造过程中，项目积极创新，解决多项难题，如首次将滑移施工应用于大高差悬链状飘带钢结构上；针对连接塔楼和裙楼的大跨度重载钢桁架，采用沙漏卸载方式对塔楼、裙房不均匀沉降差进行了有效控制；对于M形大型钢结构雨棚，通过精确的施工模拟来确定预应力拉杆张拉顺序。

装配式钢结构具有建设周期短、布局灵活、工程质量更优、结构自重轻、抗震性能好等优势，目前国家也在大力倡导装配式钢结构产业的发展，但事实上国内钢结构在面广量大的民用建筑中应用比例并不高。苏州现代传媒广场项目在设计中大量采用钢结构技术，并开展了多类设计技术的讨论研究和现场实测等工作，对钢结构在民用建筑中的多种可能性应用作了非常有益且有前瞻性的尝试，对钢结构的进一步推广具有积极的推动作用。

苏州现代传媒广场作为江苏省建筑产业现代化示范项目，预制装配率达到77%。团队将多种装配式钢结构设计和建造方法应用于大型复杂公建项目中，有机融合了装配式技术、绿色建筑技术和BIM技术，为装配式钢结构在民用建筑中的积极应用提供了可靠的项目经验和借鉴。

点评专家

——

舒赣平

　　1964年1月生，东南大学土木工程学院建筑工程系教授、博士生导师。现任东南大学钢结构研究设计发展中心主任；同时担任中国钢结构协会常务理事、中国钢结构协会专家委员会委员、中国钢协稳定与疲劳分会副理事长和中国钢结构协会专家委员会委员等。

　　目前主要从事钢结构与组合结构的研究与教学工作，先后主持国家自然科学资金和"十三五"国家重点专项课题等多项科研项目，在国内外期刊上发表论文100多篇。

严阵

1970年3月出生，中共党员，重庆大学建筑学本科，中欧商学院EMB硕士学位，高级建筑师，现任上海中森建筑与工程设计顾问有限公司（以下简称"中森公司"）董事长、总经理、党委副书记，上海市建设协会副会长、建筑工业化与住宅产业化促进中心主任。2019年荣获"纪念改革开放40周年上海市勘察设计行业杰出企业家20人"称号。

严阵同志带领中森公司重点投入装配式建筑研发，不断探索适合国内国情的PC设计模式。致力于引导以工业化思维进行全程设计，以集成设计方式整合产业链资源，以全生命周期理念思考装配式建筑的价值与定位。近些年，中森公司已实现全预制率覆盖、全装配体系覆盖，完成和正在设计中的装配式项目200余项，总建筑面积2000多万m^2，并成为国内首批"国家装配式建筑产业基地"。

设计理念

工业化思维　集成设计　装配未来

装配式发展要改变传统业务模式，强化科技创新驱动，逐步推动项目管理和工程总承包商、设备制造商间的深度整合。努力通过创新工业化思维的集成设计与信息化、智能化深度融合，形成具有自身特色的综合解决方案，获得高质量的经济效益和社会效益。

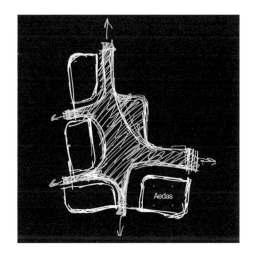

图1　项目鸟瞰图

上海　杨浦区96街坊办公楼项目

设计时间	2014年
竣工时间	2017年
建筑面积	43500m²
地　　点	上海市杨浦区

　　本项目位于上海市杨浦区内环区域，建筑面积为4.35万m²，由三幢低层商业楼、一幢办公塔楼及相关配套组成，其中办公塔楼单体预制率不低于38%。项目以装配式幕墙体系、优良的建筑工艺、宜人的使用空间，合力打造出上海市第一个装配整体式框架—现浇核心结构的高层办公楼建筑。

　　本项目为简化现场工序，提高生产与装配效率，减少柱、梁构件的截面变化，统一预制叠合楼板规格与构造，同时结合BIM技术，对连接节点进行精细化钢筋安装模拟。

图2 项目实景图（一）

图3　项目实景图（二）

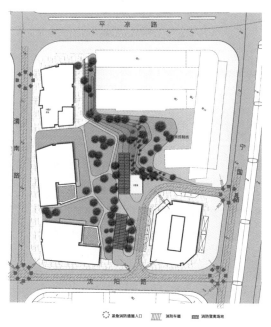

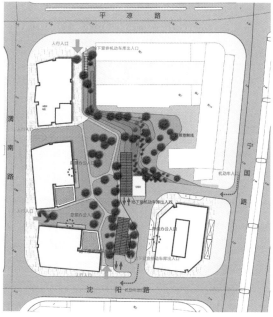

图4 消防分析图　　　　　　　　　　　　　图5 交通分析图

　　本项目的南侧、西侧、北侧均邻近杨浦的老旧居民小区，本项目的高层商业办公楼对北侧的居民楼将会有一定的影响。通过严格的日照计算分析，在方案阶段严格控制高层建筑的影响范围线，减轻对地块周边的居民造成的日照遮挡。（方案设计单位：Aedas凯达环球有限公司）

图6 总平面图

1. 办公塔楼设计概念

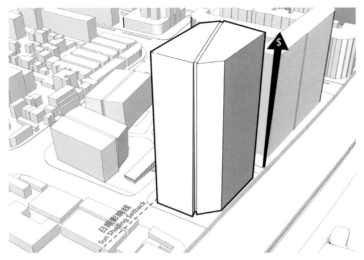

◆ 通过对塔楼角度的扭转，最大化黄浦江和浦东陆家嘴天际线视野，实现景观资源最大化，提高价值。

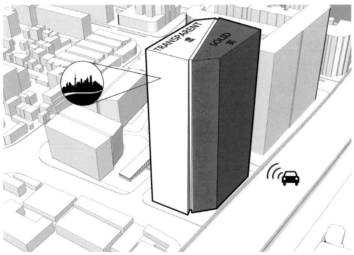

◆ 由于基地东边的高架桥，建筑左右两部分的材质一虚一实，使建筑形体高挑，又更适应周边环境。

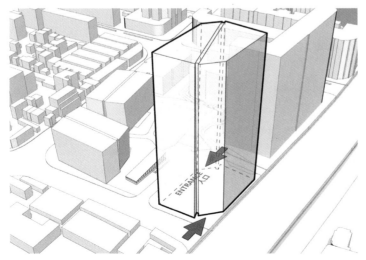

◆ 考虑到塔楼与高架桥和园区内部的关系，塔楼的两个切角更适应周边的环境和场地边界线。

图7 塔楼概念分析

2. 塔楼装配式方案概念整合

从建筑方案阶段就开始将装配式标准化理念深入落实。通过对塔楼平面柱网及次梁的整合，将塔楼部分的预制主梁截面控制为两种尺寸：500mm×750mm、500mm×650mm，将次梁优化为一种：400mm×650mm。

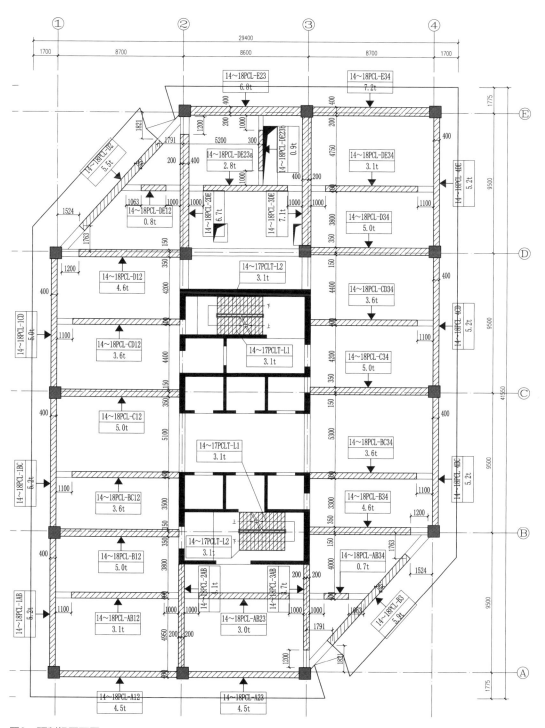

图8　预制梁平面图

根据不同高度范围将结构柱统一为三种尺寸，分别是1000mm×1000mm、1000mm×800mm、800mm×800mm，同一层内通过柱布置方向的不同来平衡结构两个方向的刚度，减少规格的同时保证建筑受力性能。

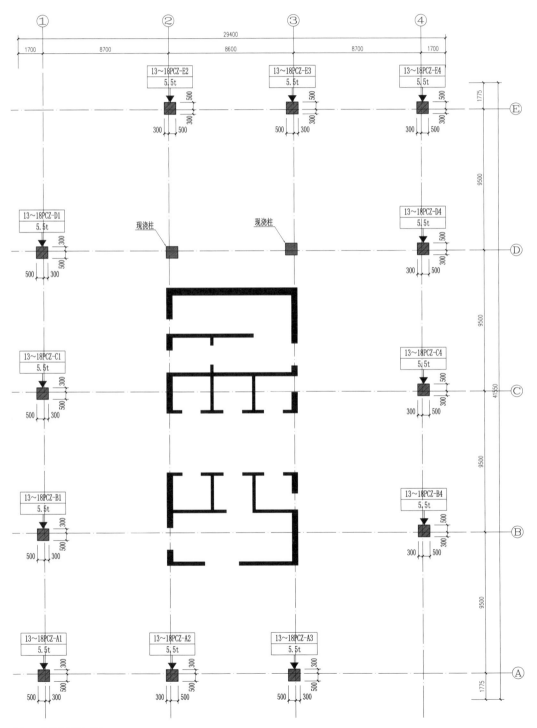

图9 预制柱平面图

　　本项目周边东侧紧邻城市快速高架路（内环高架杨浦大桥段），在选用玻璃幕墙材料反射率时经过严格的光污染评估分析，控制不同朝向玻璃幕墙的反射率，避免对高架行车及周围居民造成光污染。

图10　幕墙细部图

3. 本项目装配式技术难点与解决办法

技术难点

设计完成时国家相应规范尚未正式执行:《装配式混凝土结构技术规程》(JGJ1-2014)于2014年10月1日起实施。

设计完成时无地方规程支持:

《装配整体式混凝土住宅体系设计规程》上海市(DG/TJ08-2071-2010)未涉及该体系。

《装配整体式混凝土公共建筑设计规程》上海市(DG/TJ08-2054-2014)于2015年1月1日起实施。

上海地区首个装配整体式高层办公

解决办法

针对装配式结构分析时采用的措施(通过抗震专项评审确定以下原则)

1)在整体设计时采用等同现浇的方法进行结构分析

2)周期折减系数:框架—核心筒结构可取0.85(0.80~0.90)

3)梁刚度增大系数:边梁按1.3,中梁不大于2

4)针对既有现浇也有预制竖向抗侧力构件的楼层,现浇抗侧力构件地震作用放大1.1倍

5)混凝土保护层厚度:柱取35mm(钢筋中心距构件表面55~60mm)

6)顶层柱不宜出现偏心受拉状况

7)进行柱底、梁端抗剪验算

本项目土地出让合同要求建筑单体预制装配率不低于25%;装配式建筑面积落实比例不低于100%。由于多层商业办公楼工程立面复杂、平面布置不规则、工业化程度不高。上海市杨浦区重大工程建设指挥部办公室结合项目实际情况,为体现装配式建筑工业化特点,集中采用预制构件并有效提升标准化程度,决定对装配指标做调整,选择高层办公塔楼集中应用预制构件,单体预制率不低于38%(满足总体装配率不低于25%)。

合理的预制构件布置

1)预制范围:四层及以上为预制

2)预制构件类型:预制框架柱、核心筒外叠合梁、叠合楼板、楼梯

3)竖向连接:灌浆套筒连接

4)主次梁连接:次梁采用后浇段连接

5)梁柱连接:梁柱预制,节点核心区现浇,提前三维建模模拟钢筋避让

6)单体预制率:38%

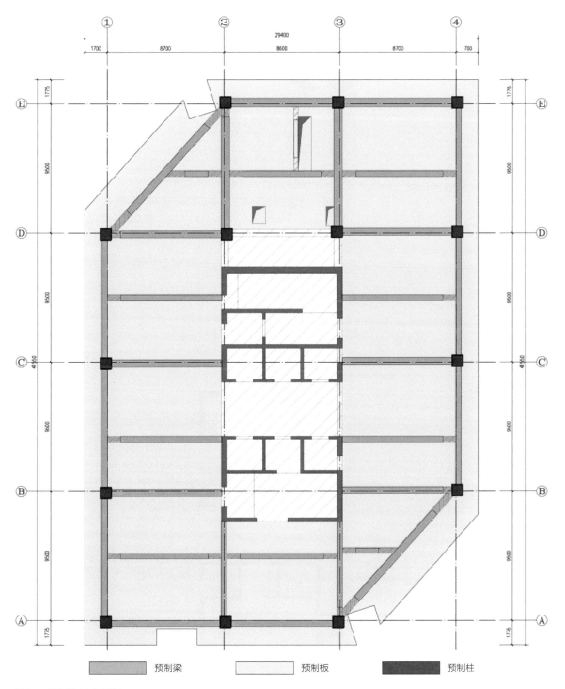

图11　预制构件布置图

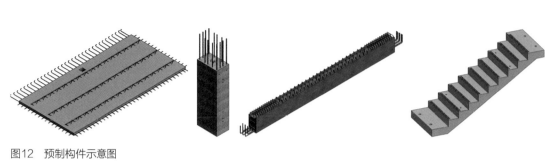

图12　预制构件示意图

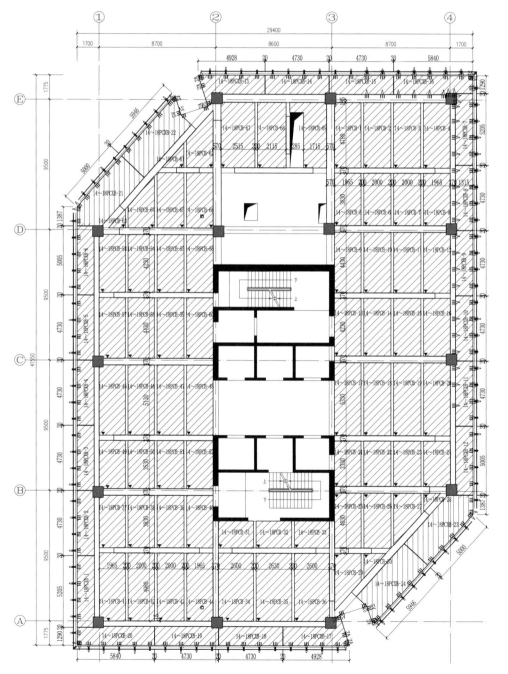

图13　预制楼板平面图

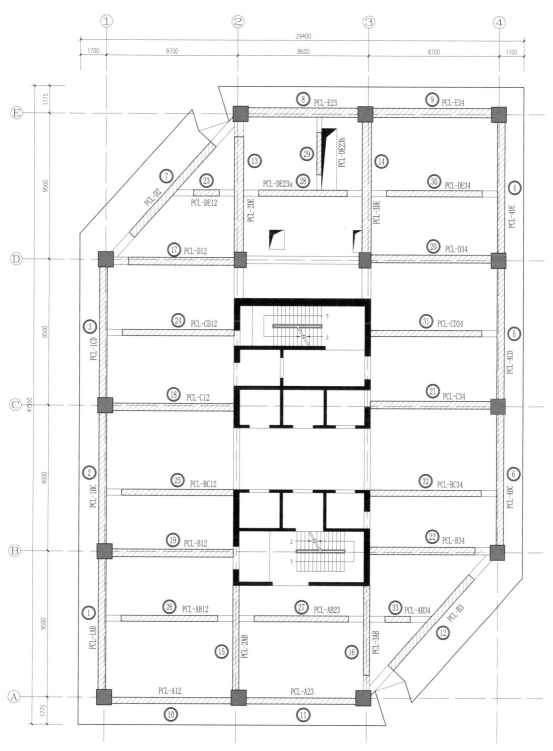

图14　预制构件吊装顺序图

精细化的节点设计

1）梁主筋与墙暗柱纵筋错开布置，避免碰撞；

2）梁构造腰筋及部分底筋不深入墙、柱内，优化钢筋排布；

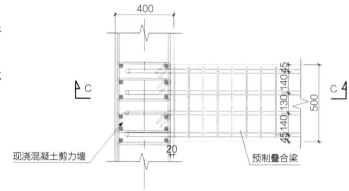

图15　钢筋排布细化图

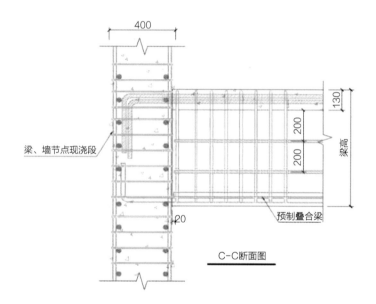

C-C断面图

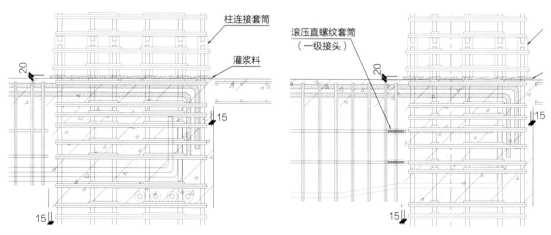

图16　钢筋排布细化图

3）柱截面变化时设计为单面收进，保证柱纵筋上下贯通；

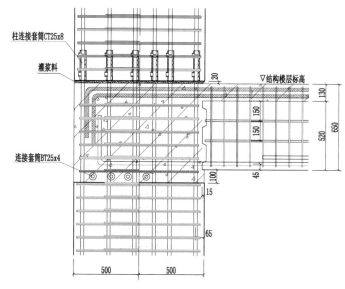

图17　钢筋排布细化图

4）梁不与柱贴边，贴边将造成梁连接套筒与柱纵筋碰撞；

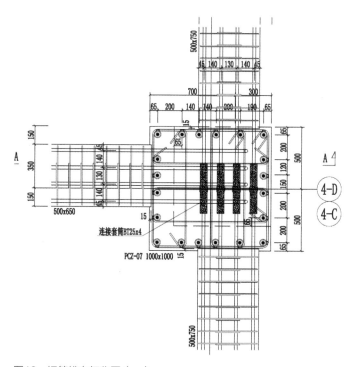

图18　钢筋排布细化图（一）

5）主梁相交时两个方向的梁高相差100mm，避免两个方向梁纵筋碰撞；

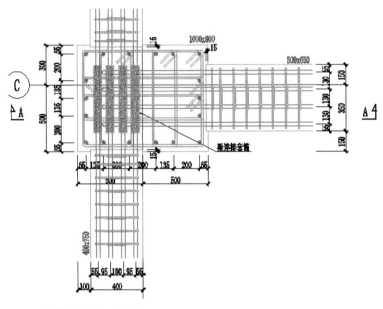

图19　钢筋排布细化图（二）

6）柱纵筋连接方便，框架柱上下钢筋规格差别不超过两级；

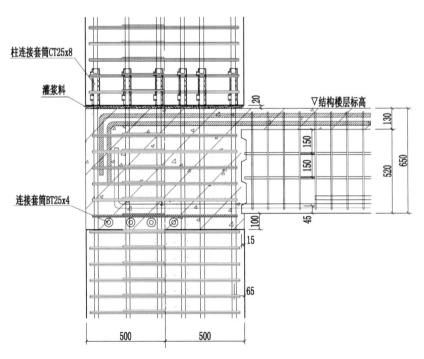

图20　钢筋排布细化图（三）

4. 装配式技术创新点

预制构件编号体系

本项目创立全新的预制构件编号体系，以"层数＋构件名称拼音首字母＋类别＋重量"为预制构件进行编号，为后续项目的PC设计提供了案例和技术经验。

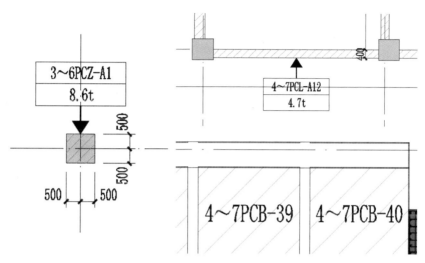

图21　预制构件编号示意图

非抗扭腰筋不伸入支座

框架梁与柱、墙连接时，非抗扭构造腰筋不伸入柱、墙内，便于施工。

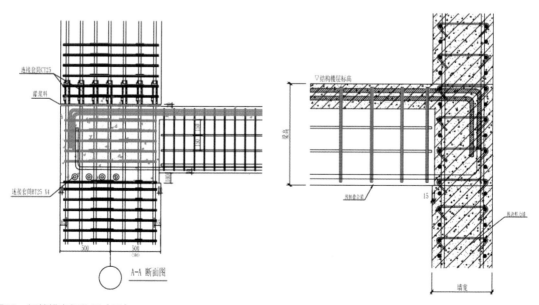

图22　钢筋排布细化图（四）

分体式梁灌浆套筒应用

本项目的预制叠合梁纵向受力钢筋连接采用灌浆套筒连接，灌浆套筒分为整体式梁套筒和分体式梁套筒两类。其中4～7层框架梁及主次梁采用整体式套筒连接；8～18层框架梁采用分体式灌浆套筒连接。采用分体式套筒可以有效降低因连接节点位置的操作空间过小带来的对施工的影响。

其中采用钢筋套筒连接的叠合梁纵向受力钢筋的直径由22～28mm不等，一共使用各类套筒1741个。

图23 分体式梁灌浆套筒示意图

梁套筒使用情况一览表　　　　　　　　　　　　　　　　表1

整体式套筒（个）				分体式套筒（个）		合计
GT4 20	GT4 22	GT4 25	GT4 28	GT4 25	GT4 28	1741
44	168	754	476	8	291	

框架柱底设"米"字形抗剪槽

柱截面较大，采用新型米字形（中间汇集和抬高）抗剪槽套筒。抗剪槽中心最高位置设通气孔，抗剪槽从柱边到柱中心由浅到深。通过试验验证灌浆效果，增加高位排气孔以保证混凝土密实。

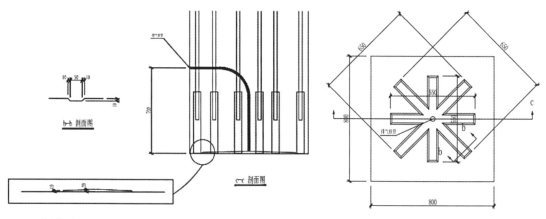

图24 "米"字形抗剪槽

变截面柱处理

在预制装配式框架结构中预制柱的变截面处理与传统现浇柱的做法有较大不同。预制柱变截面位置最核心的问题是：变截面位置相对应的收头钢筋该如何处理？

根据规范要求变截面收头钢筋可采用弯锚固或采用锚固板锚固两种锚固形式。采用弯锚虽然从材料成本角度来看要比锚固板锚固成本更低，但考虑框架节点现浇位置的钢筋比较密集，同时结合预制构件的生产工艺，弯锚要比锚固板的生产和施工难度更大。本项目中对于所有的变截面柱的收头钢筋均采用锚固板连接，此方式在实际的施工中取得了良好的效果。

BIM技术应用

本项目在建筑方案阶段就综合考虑了构件的生产加工、运输、吊装及现场安装施工的技术合理性和经

图25　现场照片

济性，结合项目的实际难点，采用了全过程的BIM辅助设计。对项目中的主要构件包括预制柱、预制梁、叠合板等进行节点碰撞检查和模拟施工。

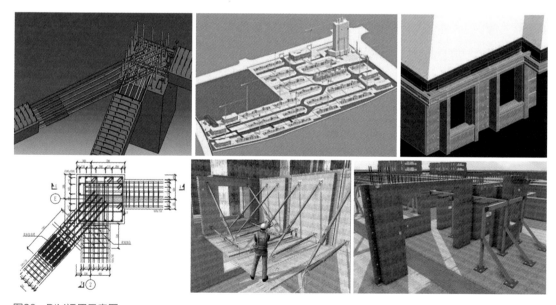

图26　BIM运用示意图

对于项目中出现的斜梁相交复杂节点进行BIM施工模拟，解决了实际操作的空间要求，对构件吊装顺序进行施工模拟，最大限度地降低了预制构件的安装难度。

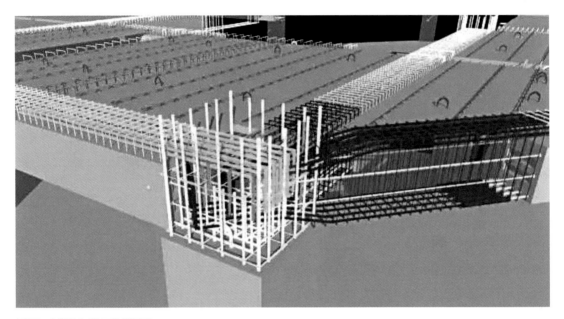

图27　斜梁BIM施工模拟示意

大体积预制框架柱套筒灌浆施工工艺

（1）模拟实验

本项目中针对套筒灌浆质量的影响因素特别做了灌浆作业的验证性实验。实验中取三组试件，试件尺寸为1000mm×1000mm×150mm，30kg的灌浆料兑4kg左右的水，进行充分搅拌。后进行压力注浆实验。试件在灌浆40分钟后起吊试件，观察结果如下：离灌浆孔较近部分已经湿润，较远处白色表示未达到最高高度，也就是未完全密实。

图28　灌浆现场模拟实验

根据实验结果得出影响灌浆密实性的主要因素有灌浆速度、施工环境温度以及灌浆料的拌和均匀程度。

结合这几点主要因素对本项目提出保证灌浆质量的要求：

1）控制注浆流速。在实际施工中要求注浆机的机械旋转加压装置保证转速均匀连续。

2）避免因注浆压力不均匀而造成浆液的流速变化，且流速降为原流速的70%。

3）减少施工环境温度变化。在注浆作业时避免选择在中午气温变化大的时间段施工。

4）当环境温度高于35℃时应安排在下午的时间段进行灌浆作业。

5）注浆作业应采用定岗定员。注浆作业的操作人员应进行专业的岗前培训，持证后方可上岗。

6）对于注浆材料的配合比，应通过灌浆料厂家进行现场指导。

7）按配比要求：灌浆密封材料与水的比例为1：0.13～0.15，水泥基密封材料放入搅拌桶中；并加水采用手持式搅拌机搅拌3～5分钟。

（2）预制柱现场实验

实际灌浆实验采用预制柱一边单侧灌浆，灌浆料由一边流向另一边，以透气孔出浆为灌浆是否完成的判断标准。

通过实验发现：灌浆速度要控制，过快会导致浆液流淌不均匀，有气泡；透气孔的PVC管一定不要露出混凝土面，否则影响透气孔排气，导致灌浆不密实。

图29　预制柱现场实验

组装式防护架

通过模块化拼装、适应任何施工要求，具有安全性高、快速施工、运用高效、立面整洁等优点，与预制混凝土装配式建筑具有较高的契合度，更能提升装配式建筑的现场管理水平。

图30　组装式防护架

有效节约人工成本

4号楼办公楼（装配结构）与平面布置、面积类似的1号楼（现浇结构）实际现场人工数量对比如下，装配结构的人工可节约1/3，且实际工期相同。

人工成本对比 表2

单体	各工种人数						总人数
	PC工	钢筋工	木工	混凝土工	机电工	放线工	
1号现浇	0	35	30	20	8	2	95
4号装配	8	20	18	15	0	2	63

备注：实际工期均为10天一层，节约人工数1/3

5. 装配式技术内装

装配式产品体系，若能提供从项目设计、深化、生产、施工安装到运维服务的一站式解决方案，更高效便捷的管控项目流程，可大大降低管理成本。装配式内装，即多个空间模块化装修同样值得一提。尤其是在本案这样的办公项目中，装配式内装能发挥较为明显的作用。

装配式内装的发展

装配式内装的核心是通过模块化的设计、工业化生产、现场成品组装、信息化管理的标准化体系来完成室内装修，极大缩短施工周期。主要由地面、墙面、顶面、布线体系等模块系统组成，另有整体厨房、卫浴等方面的应用，较常出现在住宅项目的设计建设中。因现场全程干法施工，可避免室内装修污染，安全环保。减少工人技术的不可控性，降低人工、材料、管理、维修费用。

图31 运用案例

装配式内装的几大模块特点		表3
地面系统	免水泥砂浆找平，施工周期短	
墙面系统	免砌筑，免抹灰，无开裂风险	
吊顶系统	无需找平批嵌、乳胶漆湿作业，安装便捷	
管线系统	墙地面免开槽，插接式水电管线，即装即用	

各模块的应用简介

集成顶面

由工业化生产的吊顶材料，组合成多种类型的集成吊顶安装体系，满足各种吊顶需求，安装便捷。

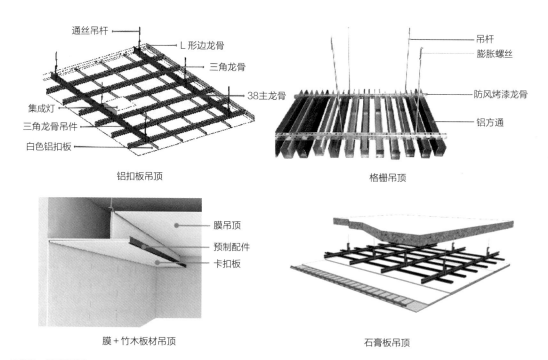

铝扣板吊顶

格栅吊顶

膜+竹木板材吊顶

石膏板吊顶

图32 吊顶类型

集成墙面

多种墙体材质，满足各种空间划分的需求，轻量化构件可避免对结构的损坏。墙面预留管线位置，减少安装管线中开槽的工序，结合管线体系，可极大提高工人的安装速度。

多种集成墙体与饰面的结合方式，不需要额外找平。如已有饰面层，可直接在饰面层上作业，无需拆除原装饰层。

| 聚苯颗粒隔墙 | 轻钢龙骨隔墙 | 轻质陶粒板隔墙 |

图33　隔墙做法示意

图34　装配式工艺办公类项目

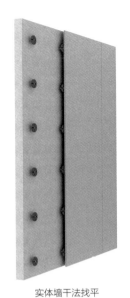

横龙骨轻钢隔墙　　　　　实体墙干法找平　　　　　实体墙找平龙骨

图片来源于品宅

图35　装配式工艺办公类项目

地面体系

免砂浆找平架空地坪，可直接铺装各类面材。如运用在住宅领域，干法地坪同样支持地暖模块，适用于水暖，快速安装、检修方便。

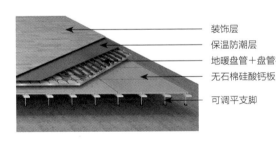

装饰层
保温防潮层
地暖盘管＋盘管模块
无石棉硅酸钙板
可调平支脚

承重大板
调平支脚
管线

图36　架空地坪示意

管线体系

利用墙面、地面体系干法施工的空隙安装管线，无需现场开槽，安装、维护便捷高效。如果采用插接式水电管线，安装无需专业技术工人，普通工人简单培训即可操作。

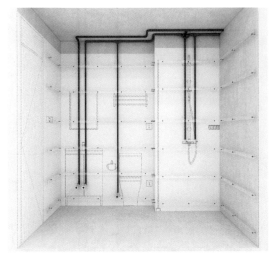

图37　给水布管

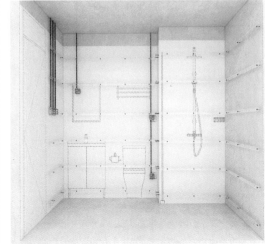

图38　电线布管

图39　管线与龙骨安装示意

传统工艺与装配式工艺对比　　　　　　　　　　　　　　　　　　表4

	传统工艺	装配式工艺	对比
现场作业工期	约30天	7天	减少80%
用工量	约100工日	40工日	减少60%
地面体系	混凝土、水泥、沙子、瓷砖或木地板、综合每平方米质量约120kg	地暖模块、硅酸钙、复合板等，综合每平方米40kg	减轻67%
隔墙体系	水泥隔墙板、水泥、沙子、瓷砖、腻子、涂料等，综合每平方米100kg	轻钢龙骨、岩棉、硅酸钙复合板等，综合每平方米质量约为30kg	减少70%
吊顶	铝扣板或石膏板	扣板或石膏板	基本持平

项目中采取的节点连接及技术创新大多数沿用至今，本项目为上海市科技委立项《上海市高层建筑预制装配式技术研究与应用示范》课题，已收录到《上海市建筑工业化实践案例汇编》中，并入围2016年上海市装配式建筑示范项目，为上海市装配式发展积累了各个方面的经验，促进了装配式建筑的健康成长。

访谈工作照

项目小档案

项 目 地 点：上海市杨浦区

设 计 单 位：上海中森建筑与工程设计顾问有限公司

设 计 内 容：施工图设计（含装配式建筑、全装修设计）

设 计 团 队

设计总负责人：严　阵　徐颖璐

设计核心团队：何　鑫　李新华　马海英　赵　辉　王曰挺

　　　　　　　高　春　王建伟　郭　欣　王　黎

整　　　　理：孟　岚

勇气与创新

——评上海杨浦96街坊装配式高层办公楼项目

上海杨浦96街坊项目于2013年11月正式启动，土地出让文件要求采用装配整体式混凝土结构体系，预制率要达到25%以上。其办公塔楼建筑高度80m，是当时国内最高的预制装配式办公楼，同时也是绿地集团的第一个预制装配项目。为了展现标准化的优势，绿地技术团队与上海中森平衡整个项目，将该办公楼的单体预制率提升，高达38%，勇气可嘉。

杨浦96街坊项目对于建筑工业化来讲有较大的推广价值。项目为框架核心筒结构，周边为结构悬挑板，配有幕墙和擦窗机，这些特点基本涵盖了100m范围内高层办公楼装配式混凝土结构所能遇到的绝大部分技术难点。项目的成果可以推广到大量的装配式混凝土结构办公项目中。

项目技术团队积极创新，主要的创新点有：非抗扭腰筋不深入支座、框架柱底设"米"字形抗剪槽、分体式梁灌浆套筒应用、BIM技术应用、变截面收头钢筋锚固板锚固、灌浆工艺试验、模块化组装式防护架等。以上均是同类项目或行业中第一次应用。

项目同时全面研究和总结了预制装配式高层办公楼项目的综合经济效益和优势，如何进一步降低装配式结构的成本，如何提高装配式结构的施工效率和文明施工水平，如何提升建筑的施工质量等。

上海中森是国内较早和日本开发企业、设计公司在装配式建筑领域合作的设计院，积累了丰富经验，同时也在积极探索和研发适合中国的建筑装配式技术。本项目在上海中森和绿地集团技术团队的创新努力下，顺利入选了住房和城乡建设部第一批国家级装配式建筑示范项目，同时也是上海市科技委立项《上海市高层建筑预制装配式技术研究与应用示范》课题示范项目，并入选《上海市建筑工业化实践案例汇编》，是不可多得的经典装配式项目典范。

点评专家

刘 曜

　　北京安馨天工城市更新建设发展有限公司总工程师、安馨研究院常务副院长，在日本留学工作10余年，东京大学建筑学专业硕士与博士毕业，日本建筑学会会员。曾任职并担任日本大林组技术研究所技术课长、日本积水住宅中国总公司设计技术部长、中国建筑标准设计研究院项目总监等。主要负责的装配式建筑重大项目有：积水沈阳太原街酒店与高层住宅；积水苏州、无锡、太仓的住宅与商业复合开发项目；中国百年住宅第一个实践项目——上海绿地南翔威廉公馆（SI体系装配式内装）等。在住宅产业化领域研究17年，不断实践与改良，始终走在行业发展前端，探索建筑可持续发展模式。熟悉国内外行业标准与行业发展趋势，在住宅产业化、城市更新、适老建筑、无障碍环境建设等领域有大量的研究成果及丰富的实践经验。对住宅产业化发展有深入研究，参与多项国家技术标准编制及部委课题研究，是SI体系和工业化钢结构住宅开发、城市更新、适老无障碍环境建设先行与实践者，荣获2018年度第15届精瑞人居优秀奖。

田晓秋

华阳国际设计集团副总裁及方案主创，中国优秀设计师，深圳市十佳青年建筑师。

2000年毕业于重庆大学，作为华阳国际创始团队中的核心成员，主持设计福田科技广场、深圳中航城、华润城大涌商务中心、海上世界文化艺术中心、深圳清华大学研究院新大楼、深圳市宝安区妇幼保健院、莲塘口岸等各类型公共建筑项目，牵头项目多次荣获国家、省、市级行业重要奖项。

设计理念

建筑设计是一个在理想与现实的钢丝上小心翼翼、慢慢行走的行业。理想往往被描述为艺术与创意，现实却是不可回避的技术、资源以及资本。在我看来即便在理想端，建筑设计也并不纯粹，毕竟我们所有的创作都是以我们现在既有的技术条件为基础的。人类似乎到目前依然不能创造世界而是拼尽全力地去理解、描述并模仿我们生存的这个物理世界，所以我们并不太可能创造出一个我们从没见过的东西，因为那样的东西将无法用语言描述，从某种不那么神秘主义的观点来看一个无法用语言描述的东西其实是不存在的。所以在多年的建筑实践过程中，始终坚持着每个设计作品应该有既有的逻辑，而这样的逻辑应该建立在对项目本身建造目的的理解与提炼上，而建筑师本人的理想以及对世界的看法与观点的表述应该是依附于此之上的一种升华。

图1 项目全景图

深圳市华阳国际工程设计股份有限公司
清华大学深圳研究生院创新基地（二期）

项目类型	科研教学办公建筑
项目地点	深圳，南山区
设计时间	2015
竣工时间	2019

1. 设计概念

本项目用地将是校园未来发展轴线的新起点，最终形成"三轴一湖"的规划布局。而未来坐落于此的实验楼，是三大轴线的交汇点。为满足科研工作的多变，实现建筑的高度灵活性，设计自方案阶段便结合建造效果一并思考。运用模数化设计体系，全新装配式技术，成为设计灵感的最优载体，实现高品质建造下，功能与美感的完美结合，打造出兼具科学和美学的第三代实验室建筑。

图2 鸟瞰效果图

图3 项目实景图

连廊系统的完善

项目位于校园主轴线的西侧，毗邻清华大学学生生活区及K楼，基地南侧为发展用地。北侧与现有连廊相连，将实验楼作为其中一员纳入校园整体系统，现有建筑与连廊之间形成的入口空间尺度宜人功能实用，我们延续这一空间序列并适当增加退后距离削弱高层建筑对空间的压迫感。

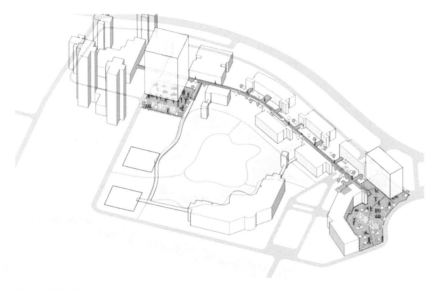

图4　连廊系统

底层架空打造科学广场

场地位于四大功能区交界，存在大量人流穿越需求，采用底层架空实现地面便捷流线的同时弱化塔楼体量落地的影响。

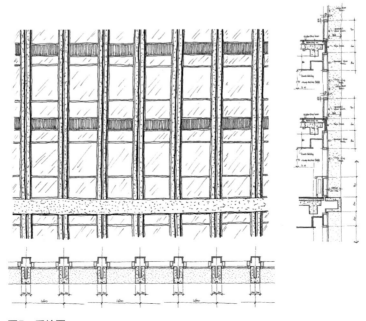

图5　手绘图

科学灵感源于思维的碰撞，我们把地面打造成思想交流的科学主题广场，成为举办教育、展览等活动的场所，无需进入大楼便能受到科学奥秘的感染，与主轴东侧深海研究创新基地的深海主题公园头尾呼应，成为点睛之笔。

2. 建筑设计

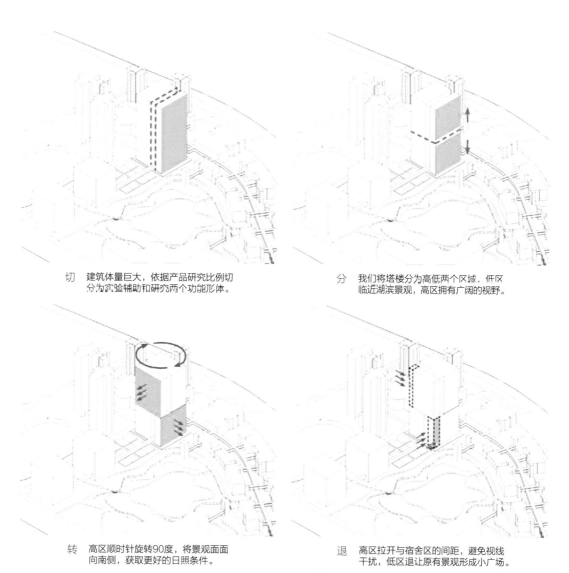

切　建筑体量巨大，依据产品研究比例切分为实验辅助和研究两个功能形体。

分　我们将塔楼分为高低两个区域，低区临近湖滨景观，高区拥有广阔的视野。

转　高区顺时针旋转90度，将景观面面向南侧，获取更好的日照条件。

退　高区拉开与宿舍区的间距，避免视线干扰，低区退让原有景观形成小广场。

图6　设计理念

切：建筑体量巨大，依据产品研究比例切分为实验辅助和研究两个功能形体。

分：塔楼分为高低两个区域，低区临近湖滨景观，高区拥有广阔视野。

转：高区顺时针旋转90度，将景观面向南侧，获得更好的日照条件。

退：高区拉开与宿舍区的间隔，避免视线干扰；低区退让原有景观形成小广场。

实验空间　平面模式

通过形体切分使得楼层平面对应三代实验室模式的功能分区，用大空间应对可变性，在不影响结构的前提下实验与辅助空间有多种模式组合，满足不同试验空间面积需求。

模式A　垂直走道布局

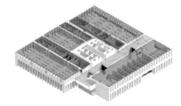

模式B　水平走道布局

对应第三代实验室的功能模式，用大空间应对可变性，不影响结构的前提下实验与辅助空间有多种组合模式，满足不同类型试验面积需求。

模式C　环型实验室布局

模式D　大空间实验室布局

▦ 实验室
▥ 辅助用房
▤ 共享空间
▩ 研究室

图7　多组合模式灵活运用

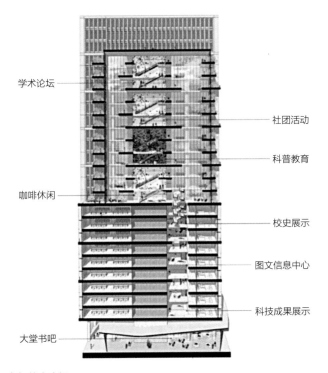

学术论坛

咖啡休闲

大堂书吧

社团活动

科普教育

校史展示

图文信息中心

科技成果展示

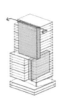

图8　中部共享空间

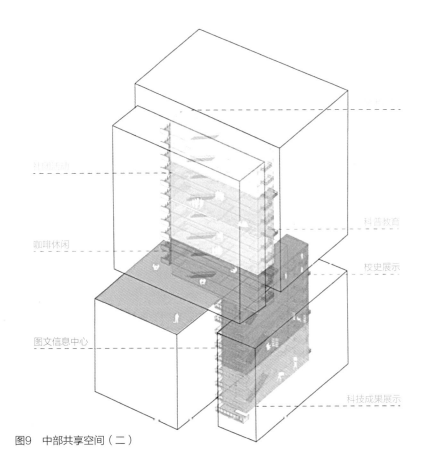

图9　中部共享空间（二）

整个实验楼由中部共享空间体系贯穿起所有的试验科研空间，三层一个单元被赋予不同主题，加入公共功能，将是最有活力的社交场所。给科研空间提供层间便捷交通的同时，有效激活高楼缺失的校园氛围，创造轻松愉悦的学习研究环境，刺激思维碰撞鼓励学科交叉。

数模化体系

立面统一的模数化体系，为工业快速建造埋下伏笔，针对深圳太阳入射角增加了横向遮阳叶片，连同装配式的竖向线条体系，构成更加有效的横竖双向遮阳系统。形体变化的位置设置一些室外阳台，使之成为驻足思考的绝佳场所。

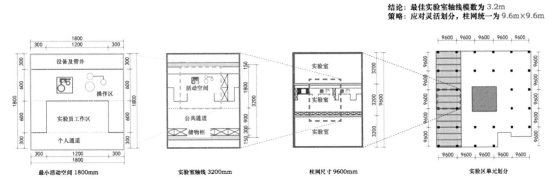

图10　平面数模研究

结构设计

结构体系及结构抗震设计采用现浇钢筋混凝土结构。地上22层,结构高度约100m,采用框架-剪力墙结构体系,抗震设防类别为丙类,框架抗震等级为二级,剪力墙抗震等级为二级。未超过A级高度钢筋混凝土房屋建筑最大适用高度范围,尽可能减小不规则项,避免超限。

结构主要振型图

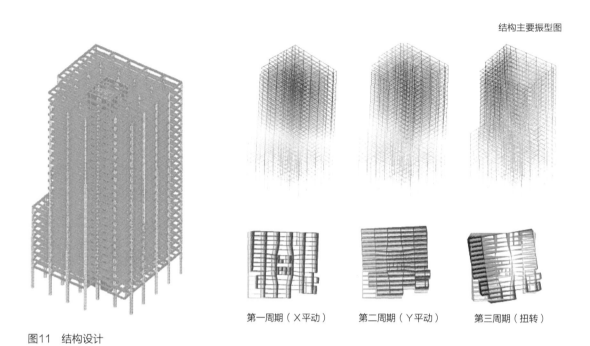

第一周期（X平动）　第二周期（Y平动）　第三周期（扭转）

图11　结构设计

3. 装配式建筑设计

本项目为高层教学公共建筑,采用了全预制PC外墙,二层至二十二层的外墙、楼梯均为预制构件,预制率为20.04%,装配率达50%。建筑内部设有实验室、学院教学区、国际交流合作项目等,与其匹配的内部功能要求及空间品质变化较多,但主体结构及围护系统满足装配式建筑的标准化要求。项目团队以立面、空间塑造为前提,从平面标准化、立面模块化、保温一体化三个层面来推进本项目的装配式设计。

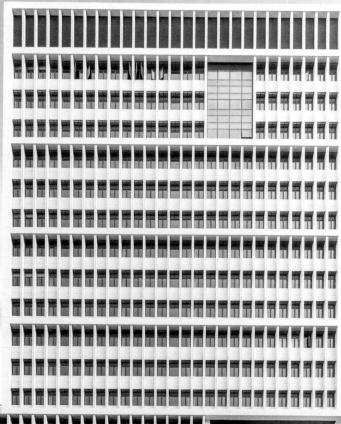

图12 项目实景照

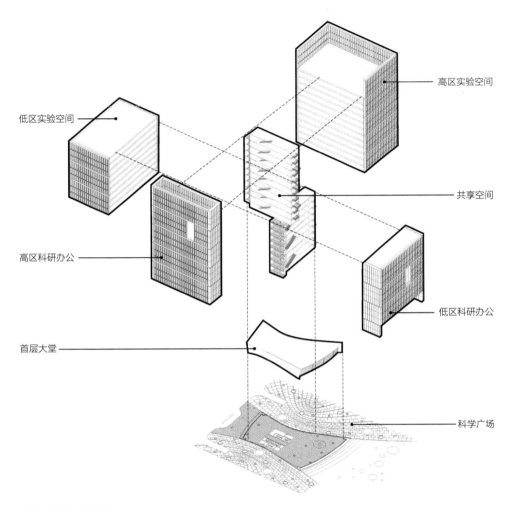

低区实验空间

高区实验空间

高区科研办公

共享空间

首层大堂

低区科研办公

科学广场

图13　建筑功能与空间划分

平面标准化

本项目内部功能以实验室为准，结合功能及人体工程学的要求，对单个实验室空间的活动单元进行分析，在1800mm×1800mm的空间内可以实现功能空间的最小化。而对于实验室与交通空间的关系，考虑公共走道和储物空间，在3200mm的尺寸下可进行合理的空间布局（如图12）。在此基础上，确定本栋建筑的平面轴网为9600mm×9600mm，可以应对平面多个功能，实现灵活划分。

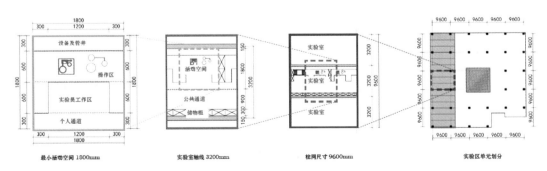

最小活动空间1800mm　　　实验室轴线3200mm　　　柱网尺寸9600mm　　　实验区单元划分

图14　平面模块分析

立面模块化

建筑的外墙主要由幕墙和预制构件两大部分组成，其中预制构件中包括窗墙、实墙、百叶三个组成部分，并点缀少量的玻璃幕墙。

建筑层高为4200mm，立面三层为一个重复单元，根据平面9600mm的柱网尺寸进行立面的模块化设计，控制主要立面尺寸：窗洞尺寸为1450mm，竖向线条宽度为300mm，水平横向线条高度为1200mm，形成标准的立面模块单元。

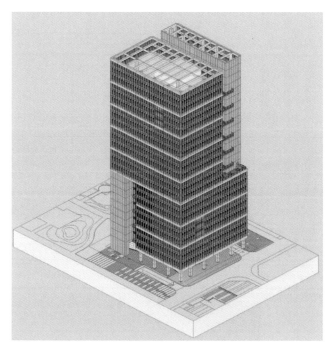

窗墙系统部分

实墙系统部分

百叶系统部分

图15 立面构成体系

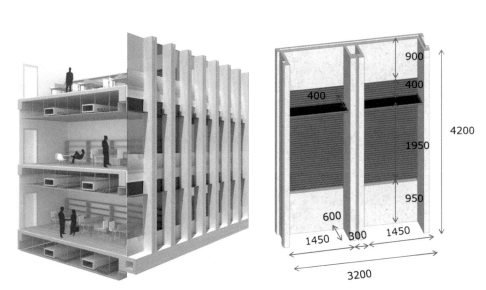

图16 立面标准单元及构件单元

图17 立面实景照

保温一体化

本项目保温选用玻化微珠无机保温砂浆，与预制构件一体化在构件厂进行生产，运输至现场吊装完成后随即可以进行室内装修饰面的施工，可以有效减少现场湿作业。

图18 预制构件实体图（保温层已在内侧施工）

4．预制构件设计

本项目作为实验楼建筑，几乎没有标准层，连接点变化很多。在整个项目中，为了保证方案立面的完成度，预制构件连接点达到了54种，构件设计图数量则5倍于常规项目，达324张。构件深化设计时充分利用共模技术，将300多种构件归到6种模具类型中，充分发挥设计价值，有效控制工程成本。

拆分方式

在平面及立面标准化的基础上，本项目预制构件主要分为四大类：三种窗墙构件及一种实墙构件（如图18-20），均在9600mm的柱网尺寸下，满足1600mm的模数要求，提高预制构件的标准化。

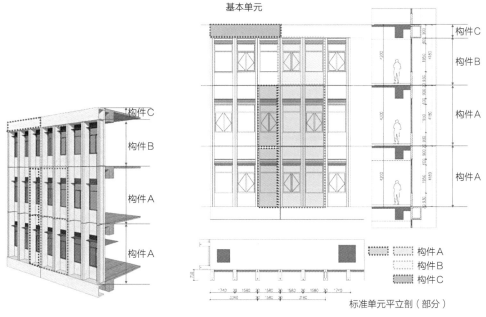

图19　窗墙系统构件拆分方式

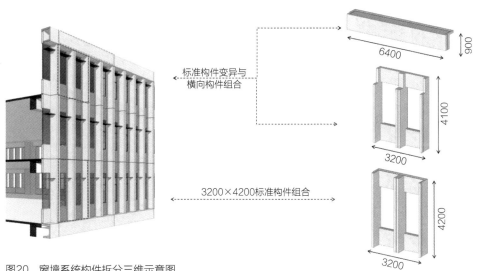

图20　窗墙系统构件拆分三维示意图

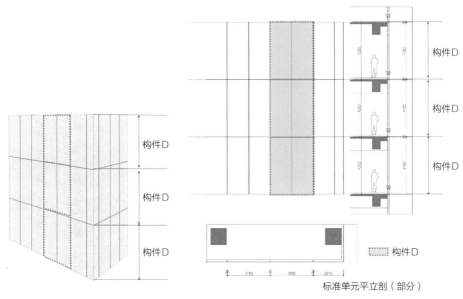

图21 实墙系统构件拆分方式

标准单元平立剖（部分）

建筑防水

本项目预制外墙拼接防水形式主要有3道防排结合的防水措施（详见图21），最外侧采用被上下层PC压紧的PE棒和硅酮密封胶，中间部分为企口型物理空腔形成的减压空间及导水槽，内侧采用被上下层PC压紧的PE棒和硅酮密封胶起到防水效果，同时每三层的横向构件接缝处设有排水管，可导出导水槽中的水（详见图22）。窗框采用顶埋方式，在降低成本、提高工效的基础上有效解决窗边渗水的质量通病。

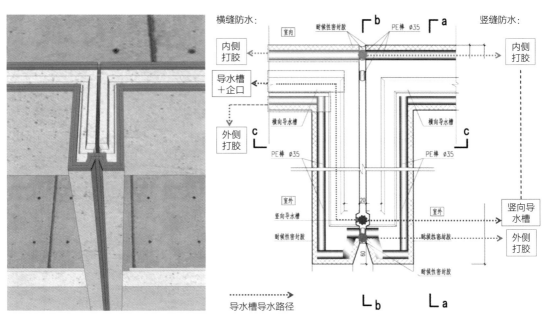

图22 预制构件防水节点示意图

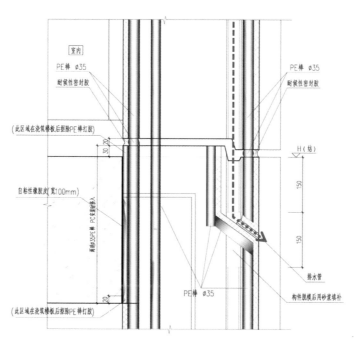

图23　预制构件导水槽示意图

结构连接节点

　　为保证建筑性能的上下层隔音、防水、防火等，要求预制外墙采用先挂式施工方案；而结构连接采用墙顶线式钢筋锚固连接，即墙顶上部通过伸出的钢筋与现浇结构可靠锚固连接，下端通过角码限制墙体平面外变形，允许墙体平面内变形，从而保证外墙的连接安全（如图23）。

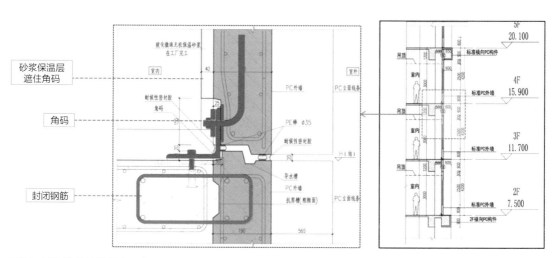

图24　预制构件连接节点示意图

5. 装配化施工

　　本项目采用作为采用装配式设计的公共建筑，施工同样也结合了装配式进行统筹考虑，采用了自提升式脚手架作为外架进行施工，减少了对构件的后期修补工作，其余外墙的线管均作了预留预埋，在实际的施工过程中需进行严格控制。在施工前我们又对构件的生产计划、运输方式、安装工艺等进行了系统策划，确保项目现场的可落地性。

PC运输与供货问题

本项目施工现场在市区内，周边交通不方便，根据项目进度表，施工进度为6天完成一层主体的浇筑拆模，2-3天完成一层PC构件的安装，构件供应要做好现场施工需求的计划。

（1）提前提出构件需求计划，保证构件厂有足够时间进行预制构件的生产与制作；

（2）工程进入6天一层周期前保持厂内有2层存货量；

（3）根据预制构件需求计划及现场进度情况提前1-2天提出PC构件进场计划；

（4）若出现特殊情况，及时与供应单位进行沟通，确保PC构件的生产量能够满足现场实际施工需要；

（5）提高现场施工道路的质量，避免运输车辆对施工道路造成破坏；

（6）项目组织人员提前在预制构件厂进行预制构件验收，预制构件进场后能够直接起吊至安装位置。

PC构件吊装

PC构件的标准构件重量达6.32t，起重吊装设备的布置与选型需进行严谨的分析与验算，且在PC构件吊至施工楼层后，PC构件的安装定位、校正、临时支撑等均是重点和难题。

（1）选用有经验的吊装队伍及指挥工，上岗前进行安全技术交底；

（2）采用专用的吊具进行预制构件的吊装；

（3）吊装之前确定预制构件吊装施工方案，包括构件安装工序、钢筋绑扎顺序、构件定位措施、支撑措施以及防漏浆等。

6. BIM应用

借助BIM正向设计，实现结构体系、机电系统与建筑的一体化创新设计，最大限度为科研空间创造适应性。

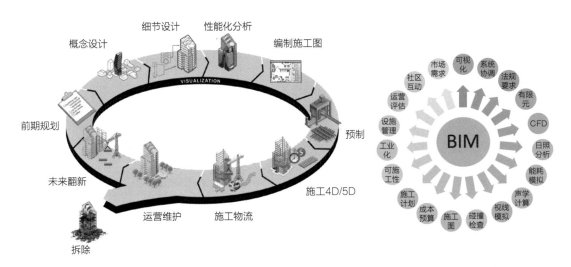

图25　BIM正向设计示意图

利用三维数字化技术创建的工程数据模型，并利用该模型集成建筑工程项目各种相关信息，来提高项目设计、建造、运营的效率。

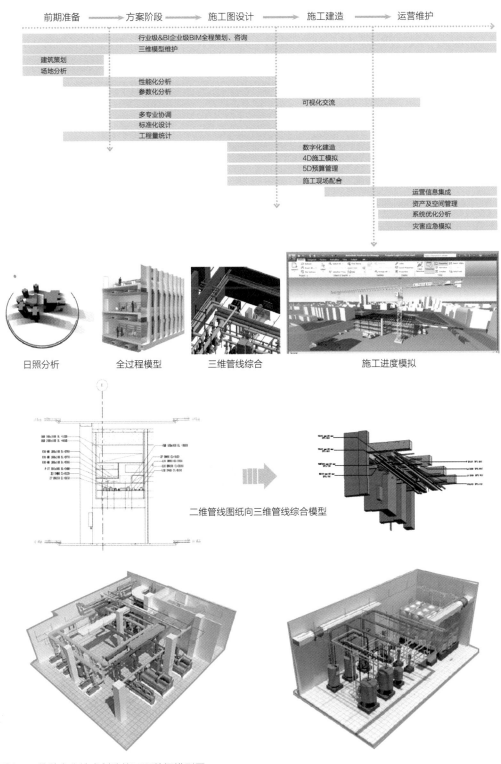

图26　三维数字化技术创建的工程数据模型图

实验建筑设计中管线分布、走向复杂多变，BIM 技术可以协调各专业的三维模拟，实现管线综合的三维展示，在设计阶段及时发现管线布局中存在的"碰头"问题，保证施工的准确性，减少后期施工的难度。

可持续技术应用

项目共采用了六大绿色战略：

- 采用节能设计和技术
- 采用采光设计
- 采用节水及其他措施
- 引进自然通风系统
- 营造人性化办公室内环境
- 使用高效节能的设备系统

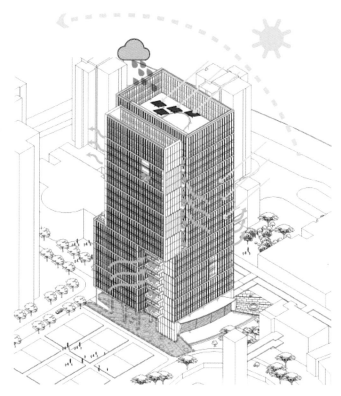

图27　绿色技术应用示意图

7. 总结

本项目充分展示了装配式建筑在建造质量与建成效果中的优势，并且充分实现方案设计的造型构想，保证了设计的还原度。同时简洁大方的形体、丰富的内部空间，呈现出项目使用方清华大学"厚德载物"的精神，是一次建筑科学与美学的完美结合。项目获得了建筑行业的高度认可和评价，成为装配式建筑优秀案例。

团队合影

项目小档案

地　　　　点：深圳市南山区西丽大学城清华校区
开　发　商：深圳市建筑工务署工程管理中心
总建筑面积：51485.43m²
容　积　率：12.7
主创建筑师：田晓秋　李　伟　龙玉峰
项目核心团队
方　　　案：孙鼎原　余东霖　曾德晓
装　配　式：赵晓龙　王保林　杨　涛
建　　　筑：李文渊　余东霖
结　　　构：谢　春　程华群　汤嘉俊
电　　　气：刘卫强　邹日新
给　排　水：吴　健
暖　　　通：查　静　颜福康
Ｂ Ｉ Ｍ：林　彬　何　威　张　磊
整　　　理：邹兴兴　夏梦思

大道至简

——评清华大学深圳研究生院创新基地（二期）设计

　　"这个时代，从不缺标新立异的建筑，却难得化繁为简的创作。"清华大学深圳研究生院创新基地（二期）的落成，以一场由内而外的实践，诠释着第三代实验性建筑的设计主张。项目位于深圳南山高新科技发展轴上，是校园新科研实验区的起点。地处核心，建筑并不追逐浮夸炫技的造型，而是遵循场地本来气质，以简洁形体，承袭百年清华"厚德载物"的精神。

　　简洁其外，却蕴藏丰富内在。在产品研究的指引下，建筑被切分为办公与实验两大功能形体，既不打破现有空间尺度，又合理划分平面功能。作为第三代实验室建筑产品，设计引入中部共享空间系统，贯穿起所有科研空间，每三层一单元被赋予不同主题，形成最具活力的社交场所。流线设计将延续现有风雨连廊的空间序列，向南延伸出一条新长廊，一面完善沿湖连廊系统，一面将实验楼纳入校园整体系统，便捷日常生活。校内三大轴线、四大功能区在此交界，建筑设置底层架空，尽可能释放地面空间，满足了大量人流穿越与休闲活动的需求。

　　建筑，是科学与美学的结合。模数化设计体系，全新装配式技术，成为设计灵感的最优载体，实现高品质建造下功能与美感的完美结合。零标准层，54个预制构件连接点，构件设计图5倍于常规项目，这无疑是一次建筑技术无人区的探索。在BIM技术的应用上也是一大亮点，建筑探索性地借助BIM正向设计，实现结构体系、机电系统与建筑的一体化创新设计，最大限度为科研空间创造适应性。对技术与美的执着，从而成就了深圳首个应用PC技术的实验室建筑，第一个实现全生命周期BIM设计与应用的高层教育建筑。

　　值得注意的是，华阳的团队似乎在装配式建筑的探索上总能给行业以惊喜。纵观其装配式建筑发展历程，从早期率先进行产业化基地的研究，随后将装配式技术应用到保障房建设，再到写字楼等商业体建筑，又到现在的医院、学校等公共建筑，十多年来，华阳装配式建筑的触角已经遍及各种建筑类型，挖掘出了装配式建筑所蕴含的巨大宝藏。

点评专家

涂志强

　　在日本留学20余年，于日本横滨国立大学毕业后进入日本构造设计集团＜SDG＞，师从日本著名装配式建筑设计大师渡边邦夫。目前任渡边邦夫设计顾问（南京）有限公司法人代表。在PC装配式建筑领域完成了诸多成功作品，2012年参与的台北桃园国际机场改扩建项目荣获台湾建筑首奖。

　　在常年的设计工作中，擅长使用木结构、钢结构以及PC预制混凝土结构等各种混合结构形式的装配式建筑设计。由繁至简的设计思路是我以及每位中国设计师未来所要追求的装配式建筑设计之路。自工业化建筑出现快有百年历史，从最初以预制构件的耐久性和经济性等各要素为基本轴出发，发展到当代建筑师开始逐渐利用预制构件去创造更加有序以及变化的建筑空间，来形成各自独特的建筑风格和魅力。这将构筑起未来装配式建筑设计所特有的设计思考方式。

李峰

中国建筑西南设计研究院有限公司副总建筑师，中国建筑学会建筑师分会理事。1974年出生于四川成都市，2001年毕业于东南大学建筑研究所，师从齐康院士，获建筑学硕士学位。现分管中建西南院建筑工业化中心，并担任体育建筑设计中心总建筑师。主持郑州奥体中心、重庆电信大楼、中国苴却砚博物馆、天全体育馆、滁州市体育馆等多个公建项目，并获得中国建筑学会奖、行业级奖、省级奖多次。2013年，将建筑工业化纳为专业化研究方向之一。参与国家及省市相关科研课题，主持并完成成都建工工业化预制生产基地研发楼、中建科技成都公司办公楼、成都城投集团工业化基地研发楼等多个高装配率项目。

设计理念

技术与艺术之间：建筑，容纳着人类生产、生活。除此之外，建筑由于其巨大的实体存在，必然形成城市的、空间的、视觉的乃至建筑自身的艺术。在建筑学的范畴内，技艺、材料、形态应相互作用、互为因果，形成建构的逻辑线索，体现出工具理性的价值。所以，建

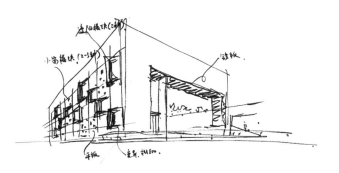

筑既不是简单的技术累积，也不是纯粹的艺术呈现，而是在解决物理空间需求的前提下，介于建筑艺术与技术之间的一种结果。工业化建筑作为一种建造技术体系，其技术特征的外显是实现建筑艺术的方法之一。作为一个设计者，应当看到预制化、装配化的技术特点内隐藏的建筑学规律和刺激创作的条件。

图1 东南侧夜景照片

中建科技成都绿色建筑产业园项目研发中心

设计时间	2015年
竣工时间	2018年
建筑面积	4500m²
地　　点	成都

本项目为中建科技成都绿色建筑产业园的办公研发楼，面积约4500m²，包含办公研发、技术展示、公寓及相关配套功能。本项目装配率为88%，为住房和城乡建设部认定的首批AA级装配式建筑范例项目。

项目尝试对未来建筑的发展方向进行探讨，将装配式技术、绿色建筑技术、智慧建筑技术及BIM建筑技术，四大技术体系相融合，同时也是全国首例装配式混凝土结构被动式建筑。

项目以人性化的办公休息空间、优良的建筑技术落实、标志性的建筑外观设计为主要设计意图，结合装配式建筑技术手段进行建造，体现出未来建筑发展的趋势。

项目为中美清洁能源示范项目、中德合作被动式低能耗建筑示范项目、"十三五"项目"近零能耗建筑关键技术"示范项目。

图2 中建科技成都绿色建筑产业园项目 总平面图

图3 中建科技成都绿色建筑产业园项目研发中心 鸟瞰效果图

项目整体造型为纯粹的立方体,将不同功能的
建筑空间相互联系在一个形体内,并强化庭院空
间的围合感。

图4　东侧主入口实景照片

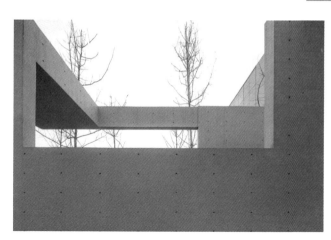

图5　混凝土局部特征

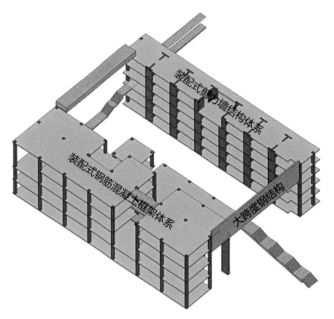

本项目融合多种装配式结构体系：办公展览部分为装配式混凝土框架结构、公寓部分为装配式混凝土剪力墙结构，大跨度部分为装配式钢结构。

图6　装配式的结构体系

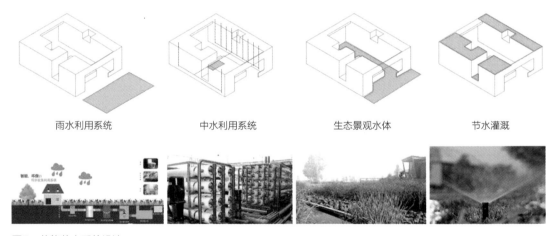

雨水利用系统　　　　中水利用系统　　　　生态景观水体　　　　节水灌溉

图7　节能节水系统设计

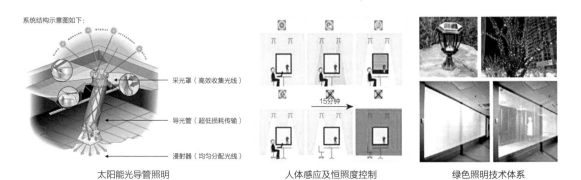

太阳能光导管照明　　　人体感应及恒照度控制　　　绿色照明技术体系

图8　节能照明技术系统设计

建筑外立面由模块化的清水混凝土外墙板构成。四种标准尺寸的清水混凝土外墙板模块，根据内部空间功能需求选用，形成随机替换的模块化立面效果。

办公室外挂板

电梯厅，展厅外挂板

办公室、会议室外挂板

图9　外挂板安装施工现场

图10　西立面实景照片

微孔混凝土复合层（150mm）形成连续保温面，形成良好的无冷桥外墙系统，并可保证气密性

单块外挂板

无热桥外窗

140mm	100mm
钢筋混凝土	发泡混凝土

外→

我们希望通过对本产品的研发，在冬冷夏热地区逐步取代传统保温方式的建筑做法，并取代以三明治预制外墙板为主的装配式建筑做法

图11　无冷桥建筑外挂板构造设计

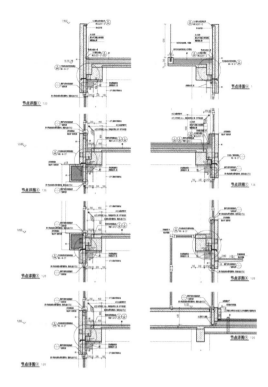

图12　无冷桥建筑外挂板构造设计

图13　电动外遮阳系统

被动式建筑要求外围护结构除达到保温性能目标外，还需使保温系统连续密封无冷桥，在不同构造层次中满足隔汽、透气、防水等要求。

建筑南向外窗采用电动外遮阳系统，减少夏季外部热辐射，满足通风采光要求。

图14　不锈钢板连廊＋混凝土预制外墙

图15　不锈钢板连廊

研发中心位于预制构件生产基地中，故设计采用清水混凝土、锈钢板等具有明显工业化特征的材料诠释建筑，并以装配式方式建造，与场所精神相契合。

图16　清水混凝土外墙

图17　主入口楼梯

本项目是由中国建筑西南设计研究院有限公司牵头，联合中国建筑第八工程局有限公司共同承建的EPC总承包项目。

在项目实施过程中，BIM技术的应用贯穿设计、生产、施工全生命周期，不仅解决管线综合、构件深化、吊装、复杂节点施工等问题，同时可辅助相关技术专家，研究装配式、被动式建筑关键问题，从设计源头保障了工程的可实施性和可靠性。

在施工过程中，严格采用样板先行策略，模拟研发中心构件吊装环节以及被动式建筑关键工艺设备（如光导管、被动窗、电动遮阳、穿墙套管等）的安装，使施工质量得以保证。

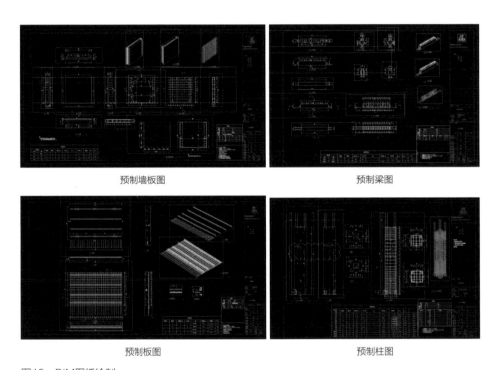

| 预制墙板图 | 预制梁图 |
| 预制板图 | 预制柱图 |

图18　BIM图纸绘制

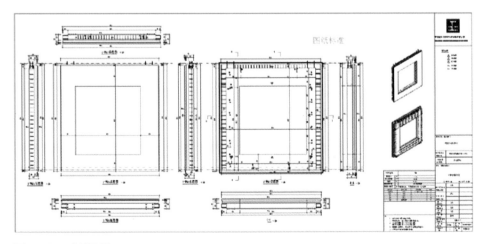

图19　BIM成品图纸

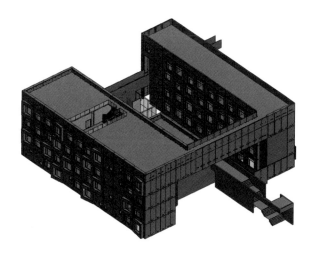

图20　BIM建筑模型

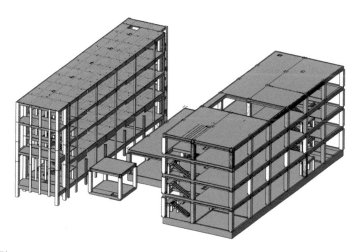

图21　BIM结构模型

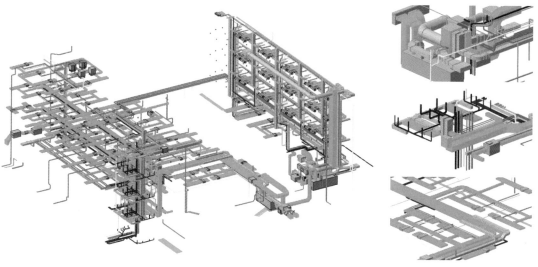

图22　BIM机电模型

梁柱节点优化具体如下图所示:

图23　首层柱插筋定位钢板样板验收

图24　首层柱插筋定位钢板中心距核查

图25　预制柱起吊

图26　预制柱安装

图27　梁柱节点优化

本项目融合装配式混凝土结构建筑与被动式建筑特点，因此在项目实施过程中，需要关注以下两部分的内容：

1. 预制混凝土构件深化设计阶段，需要被动式建筑工艺介入，将超低能耗技术需要的埋件植入到构件中，从而保证被动功能需求。

2. 选择有装配式混凝土构件吊装安装经验的单位和被动技术产品单位进行被动式建筑施工，装配式被动房需要精细化施工，否则密闭性和保温性可能无法达到评价机构验收要求。

图28 灌浆料

图29 预制柱灌浆

图30 叠合板起吊

图31 叠合板安装

图32 构件二维码扫描

图33 整体卫浴安装

图34　门窗密封隔汽膜

图35　被动式建筑构造措施　　图36　外挂板安装

图37 主入口局部

图38 样板房预制外墙安装

图39 西南侧实景照片

图40 太阳能光导管照明位置示意图

图42 太阳能光导管照明室内照片

系统结构示意图如下：

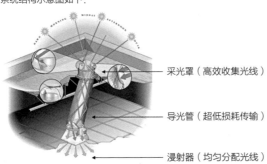

采光罩（高效收集光线）

导光管（超低损耗传输）

浸射器（均匀分配光线）

图41 太阳能光导管照明原理图

图43 太阳能光导管照明室内照片

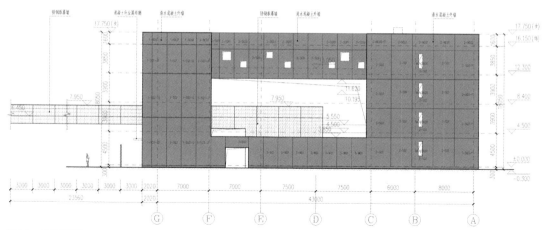

图44 西立面图

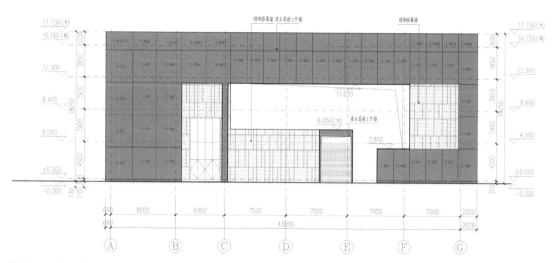

图45 东立面图

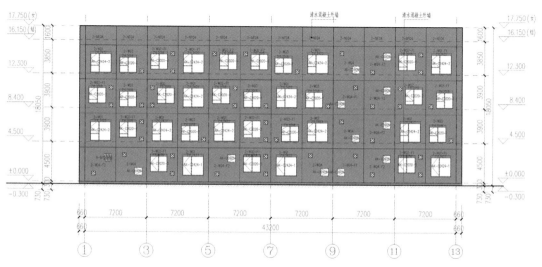

图46 南立面图

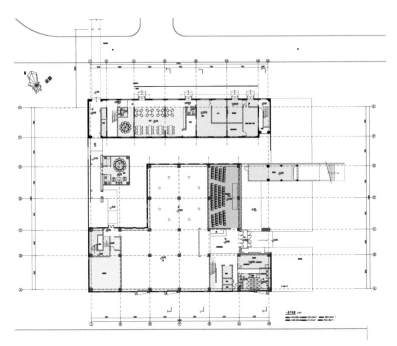

图47　一层平面图

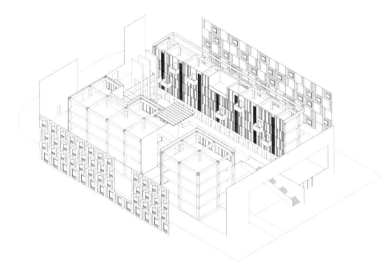

图48　装配式构件分解图

中建科技成都绿色建筑产业园项目研发中心包含了全装配式混凝土建造体系、德国能源署认证的被动式建筑体系、智能绿色建筑等先进建筑技术，建筑规模虽小，但运用的技术体系却并不简单。尤其是混凝土装配式建筑与被动式建筑在国内处于探索阶段，其技术本身存在较多尚未攻克的难点。

本项目作为具有探索实验性质的建筑实践，超前地将两者进行结合，使得在设计和实施的过程中面临非常多的新型技术问题。面对这些问题，除了需要设计、生产、施工、项目管理等各团队始终具有预见性思维，以项目全过程为出发点进行决策外，还利用BIM技术构建平台技术交流，保证各团队的深度参与，以保证项目按照最初的设计构想圆满落成。

中建科技成都绿色建筑产业园项目研发中心不仅是对未来建筑的一次探索实践，同时其装配式建筑结合工程总承包的建设模式也将对未来国内建筑业的发展起到示范作用。

访谈工作照

团队合影

项目小档案

地　　　　点：成都市天府新区新兴工业园
建 设 单 位：中建科技成都有限公司
总 承 包 单 位：中国建筑西南设计研究院有限公司
　　　　　　　中国建筑第八工程局有限公司
主 创 建 筑 师：李　峰
设 计 团 队
建　　　　筑：佘　龙　杨　扬
结　　　　构：毕　琼　邓世斌
建 筑 物 理：冯　雅
机　　　　电：革　非　倪先茂　徐建兵　李　慧　李　波　石永涛
智 能 化：周　强
合 作 单 位：住房和城乡建设部科技与产业化发展中心
　　　　　　　中国建筑科学研究院环境与能源研究院
　　　　　　　德国能源署有限公司
　　　　　　　中建科技有限公司
摄　　　　影：存在建筑-建筑摄影
整　　　　理：李　浩

技·艺的平衡

建筑自诞生之日起，一直被认为是技术与艺术的结合，早期现代主义的重要驱动力就是迅猛发展的工业化对于传统建筑设计的冲击和影响。其代表人物柯布西耶创造了以标准预制混凝土构件组装的多米诺体系，首次向世人揭示了工业化预制构件与开放空间体系之间的互生关系。

但到了现代主义的晚期，其僵硬的功能主义理论以及标准化构件所带来的千篇一律的呆板造型成为现代主义被广泛诟病的原因，连柯布西耶本人也在其生涯的后半生转向了以朗香教堂为代表作品的表现主义与后现代主义。建筑的工业化倾向与其艺术表现是否有着天然而不可调节的矛盾？顺应时代发展的装配式建筑能否在技术更迭与艺术表现中求得平衡？中建科技成都研发中心项目设计团队试图通过项目实践寻找到可能的答案。

中建科技成都研发中心项目基地位于工业区，设计采用了预制梁、柱、板、外挂板等一系列标准化的预制混凝土构件，整体体现了工业化装配式设计在建造过程中高效、清洁的特点。清水混凝土、不锈钢板等工业属性材料在立面上的广泛应用体现出该项目强烈的工业化属性和气息。在此基础之上，设计中进一步限定、凸显装配式建筑自身的建构逻辑，强化构件与构件之间、模块与模块之间的组织构成，通过一系列构造关系上的逻辑变化获得建筑表现力上的丰富性，并从视觉上暗示了构件模块的可替换性，从而向受众传达了装配式建筑鲜明独特的设计语言。

中建科技成都研发中心项目整合了当今建筑行业的焦点科技，集装配式建筑、绿色建筑、BIM技术应用、被动式建筑、智慧建筑技术于一体，探讨了装配式建筑独有的构造逻辑和设计美学，是追求建筑技术发展与艺术表现平衡关系的一次有价值的设计探索。

点评专家

夏 兵

　　1975年2月1日出生，籍贯江苏南京，工学博士，东南大学建筑学院副教授，中国建筑学会会员，一级注册建筑师。2001年迄今在东南大学建筑学院任教，曾赴香港中文大学和瑞士苏黎世联邦理工学院访学。

　　专业方向：建筑设计及理论专业，研究方向为可持续发展的公共建筑设计、建筑学本科基础教学法，担任国家级精品资源共享课程《建筑设计》三年级教研室主持，江苏省优秀毕业设计团队主持。近年在国内核心期刊和重要学术会议上发表论文多篇，主持、参与了"2010上海世博会规划设计"国际竞赛、"雄安新区总体规划设计"国际竞赛、京沪客运专线、宁杭客运专线沿途站点设计，阜阳规划展示馆、泰州医药高新区体育中心、东南大学建筑学院前工院北楼改造等重要项目设计并多次获得国家级、省部级奖项。 2016年荣获建筑设计领域中国青年建筑师的最高荣誉奖"中国建筑设计奖·青年建筑师奖"。

陈敬煊

1983年出生于安徽，中共党员，毕业于中国政法大学，研究生学历。

中国中建设计集团副总经理（内聘），中国中建设计集团华中区域总部董事长，中建工程设计有限公司董事长、总经理，合肥中建开元地产开发有限公司董事长。中国建筑学会工程总承包专业委员会理事，中国勘察设计协会理事，安徽省工程勘察设计协会常务理事、副秘书长。

在中建设计工作期间主持和参与大量各类型建筑设计，中建开元御湖公馆、亳州体育馆、徐州新沂市经济开发区科创园、安德利广场酒店、成都迎晖路六号地块2B期项目、亳州金桂湾亳州南湖明珠等工程项目。在《城市建设理论研究》《建筑新技术》等期刊发表多篇学术论文。

设计理念

在设计中提出"珍藏徽州",将院落空间融入景观。"四水归堂"是徽派建筑的主要特征之一,中部庭院取意安徽传统建筑庭院四水归堂,在获得传统建筑意境的同时,能够给用户提供良好的空间舒适度,建筑轴线布局串联了功能空间,引入了城市界面。以"实现标准化和个性化融合的装配式建筑"为其装配式建筑设计理念。

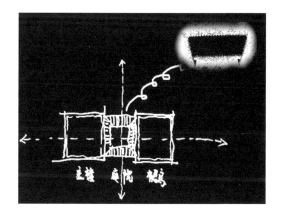

图1 中建·开元御湖公馆办公楼效果图

中建·开元御湖公馆办公楼

设计时间	2019年
建筑面积	约38000m²
地　　点	安徽省合肥市
结构体系	装配整体式框架—现浇核心筒

1. 项目概况

项目位于合肥新站区，紧邻陶冲湖风景区，东南方向为陶冲湖水库生态公园。周边环境及基础设施条件良好，交通便利。

用地面积9084m²，总建筑面积约38000m²，包括塔楼和裙房两部分。塔楼主要功能为办公，地上23层，建筑高度99.5m，裙房主要功能为报告厅、入户大堂及配套设施，地上2层，建筑高度11.2m，是安徽省首个高层装配整体式框架—现浇核心筒结构体系办公楼。装配率达67%，为绿色三星建筑。

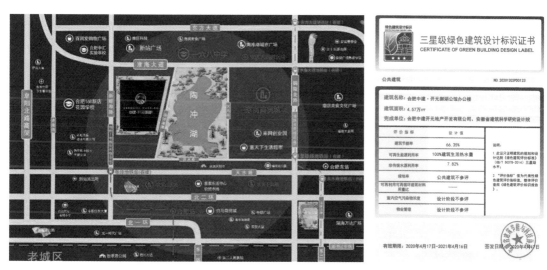

图2 项目区位图　　　　　　　　　　　　　　图3 三星级绿色建筑设计标识证书

图4 建筑鸟瞰图

2. 设计特点

设计理念

"居城市中,当以画幅当山水,以盆景当苑囿。"——清代文学家张潮。

基于场地的地理优势位置,将裙房屋顶和塔楼屋顶设计成院落意象。在设计中提出"珍藏徽州"的理念,将"院落空间"融入景观最好的西侧塔楼顶部及沿街展示面最优的东侧裙房顶部,并将徽派文化收藏于此,犹如珍藏的两座城市盆景。徽派盆景以天然的山石、活的树木花草为素材,以极富生命活力为特色,是画境和意境相融合的艺术品。西侧塔楼以办公为主要功能空间,东侧裙房为多功能报告厅,两者通过中间的多样公共空间串联为基地的东西轴线,同时垂直于东西轴线的南北轴线,也打开了淮海大道的城市界面,将城市空间引入场地内,使建筑与城市既互相融合,又联系便捷。在塔楼的东西侧分别加入多层打通的共享平台,与顶部的院落连接起来,营造丰富的内部空间体验,院落置于高处可将陶冲湖美景尽收眼底。

图5 徽派盆景

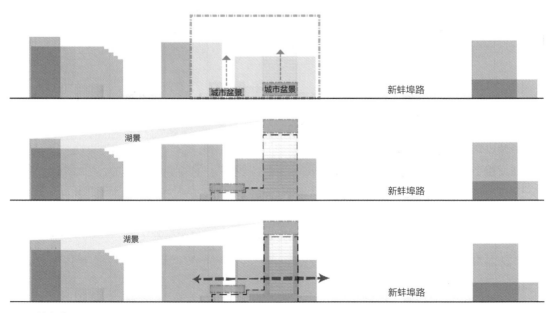

图6 城市盆景

绿色建筑

项目位于夏热冬冷地区，根据夏热冬冷地区的气候特征和使用属性，确定了充分利用自然采光通风，降低低能耗策略的实施成本、减少夏季空调制冷时间和冬季空调采暖时间这三个节能目标和设计原则。

微气候营造

整体建筑沿东西向轴线布局，从西至东依次为西侧敞开庭院—塔楼—中央庭院—多功能报告厅—东侧庭院，建筑与室外庭院交错布局有利于建筑周边微气候的形成，进而改善建筑首层的室内环境。中部庭院取意安徽传统建筑庭院四水归堂，在获得传统建筑意境的同时，通过对庭院周围过渡空间的封闭处理，改善了中央庭院冬季寒冷不宜停留的状况，庭院北侧的迎宾廊在具备礼仪功能的同时起到了风斗的作用，使用户在真正进入办公区和报告厅区域后获得更好的空间舒适度。

图7　整体建筑布局

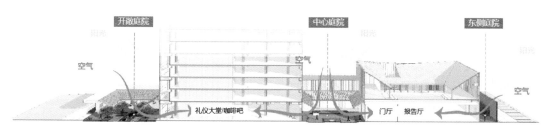

图8　微气候营造

塔楼边庭

在塔楼平面的西侧，考虑到日照西晒和室内空间尺度的因素，将此部分设置为两层通高的边庭，不仅为每两层企业的办公人员都提供了室外的观景休息区域，也形成了中庭竖向通风的文丘里管效应。在节能的策略上考虑平衡冬季采暖和夏季制冷，把边庭作为一个生态的缓冲空间，不但能够在冬季起到阳光房的作用，白天大量吸收太阳辐射热，夜晚将热量释放至整个建筑体量，在夏季也作为具有很强自然通风能力和配有大量植物的缓冲空间，避免室内封闭空间直接与外界接触换热。

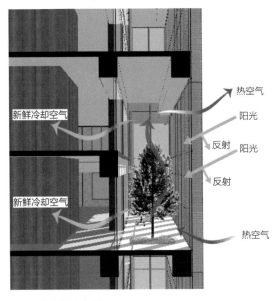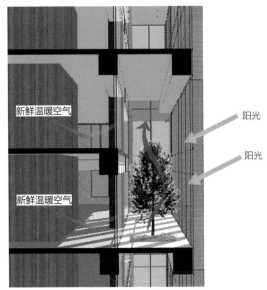

图9　生态缓冲空间

塔楼架空层及顶部中庭

塔楼在头部和主体之间设置了一个高度6米的架空层，为整个大楼的用户提供了一个在空中感受室外园林俯瞰城市美景的场所，当地的气候条件适宜打造成一个四季常绿的空中生态氧吧，从而改善了塔楼头部周围的微气候。在塔楼头部的东侧区域设置了一个开放的中庭，不仅为头部三层的独立空间提供了一个主题空间，同时此中庭和架空层联通形成了生态缓冲层和文丘里管的双重作用，极大地改善了塔楼头部三层空间的自然通风和采光的效率，自然通风作用的加强可以减少夏季制冷周期。

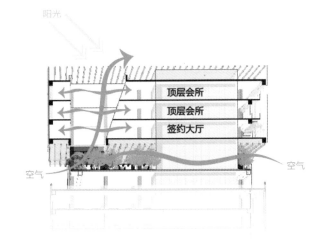

图10　塔楼头部微气候

遮阳策略

塔楼西侧边庭、塔楼和裙房头部的体量由于整个项目盆景的设计理念而选用了玻璃幕墙的建筑表皮，在遮阳系统的选择上采用了外部竖向百叶遮阳，彩釉玻璃幕墙和内部遮阳帘幕三种遮阳方式共同作用，在控制成本的前提下尽可能的降低日照西晒带来的能耗影响。

雨水回收

为充分利用水资源，结合自身项目特点，设计采用混凝土砌筑收集雨水回用系统，雨水经过滤消毒处理后用增压泵提升至使用点，用于场地绿化灌溉与硬质道路冲洗。场地绿化采用高效节水方式，并通过自建中水处理站、用水计量达到节水目的。

图11 遮阳策略

图12 建筑表皮

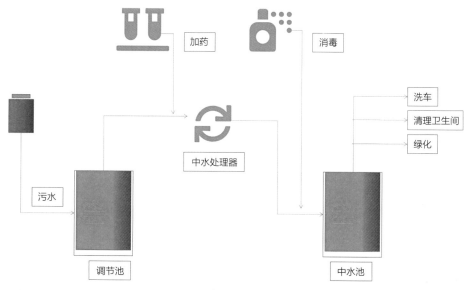

图13 雨水回收系统

3. 装配式建筑的设计

标准化设计

本工程遵循"设计、加工、装配一体化"的原则，设计时充分考虑构件生产及现场安装的要求，协同各专业通过标准化柱网、设置开敞办公空间等不同组合，来实现建筑平面和功能空间的丰富效果。通过标准化的幕墙、方窗及色彩单元的模块化集成技术，来实现建筑立面的多样化和个性化，通过构件的标准化、模数化，最大限度地方便构件生产和安装。柱网、层高、门窗尺寸以及公共区域均采用标准化模块设计。装配式构件尽可能统一，为工厂生产和易装配奠定了基础。

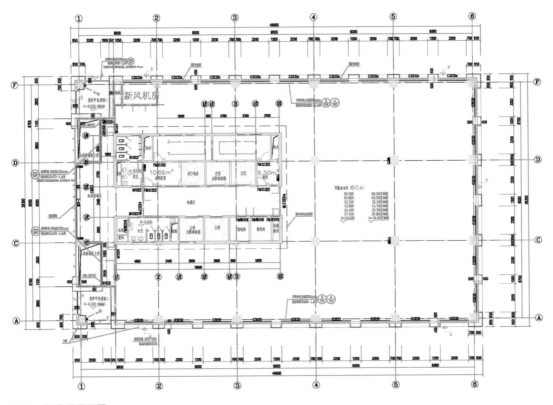

图14　标准层平面图

图15　预制构件生产

装配式装修

按照"建筑、结构、机电、内装一体化"的原则，内装系统、结构系统、外围护系统、设备与管线系统一体化设计。建筑功能区地面、墙面和顶面的装饰、设备管线等建筑性能相关的功能性材料及其连接材料安装完毕。卫生间的设备全部安装完成，达到建筑使用功能和性能的要求。

图16　装配式建筑全装修

装配式装修技术是对装饰装修产业发展的一次转型升级，其技术具有精细化、标准化、个性化的技术特点。生产出的装修部品部件质量和精度都很高，在保证工期的情况下装修质量优于传统装修方式。本项目主要采用装饰一体化的PC构件，体现在以下三个方面：

1）公共区域：电梯井、墙用采用一体化造型板PC构件，整体预制装配实现了结构装饰一体化，充分体现装配式项目高品质高质量的特点。

2）吊顶：项目吊顶采用装配式集成化吊顶，集成化吊顶不仅满足了人们对于个性化的需求，同时也创造出完美的装饰效果。集成吊顶的主要构造是：轻钢龙骨或铝合金龙骨基层，饰面层以成品装饰板材罩面，可用的板材包括铝扣板、木塑复合板、成品石膏板、矿棉板、硅钙板等，出厂前定制规格尺寸，并完成饰面色彩、图案等加工。

3）一体化墙板：内隔墙采用轻质组合一体化隔墙板，一体化墙板将门窗框与墙板集成。通过多专业、多工种的协同配合，巧妙地设计管线分离，使得既满足美观性，又便于人们后期更新维护。

装配式结构体系

采用装配整体式框架—现浇核心筒结构，整体计算时按等同现浇原则计算。填充墙体采用ALC墙板，充分发挥其标准化、轻量化的特点。

竖向连接：预制框架柱采用钢筋套筒灌浆连接，套筒灌浆接头由专门加工的套筒、配套灌浆料和钢筋组装形成组合体，在连接钢筋时通过注入快硬无收缩灌浆料，依靠材料之间的粘结咬合作用连接钢筋与套筒。套筒灌浆接头具有性能可靠、适用性广、安装简便等优点。

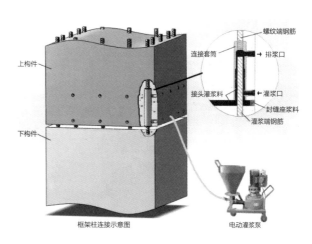

图17　框架柱钢筋套筒灌浆

水平连接：叠合板采用密拼接缝做法，设计时楼板按单向板导荷考虑，板侧可不出筋，方便构件生产和现场施工。

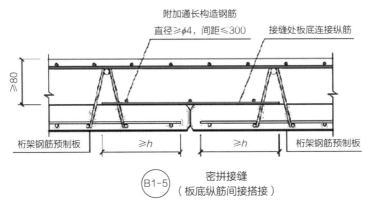

图18　叠合板采用密拼接缝

4. 新型技术应用

铝模板＋PC体系

本项目施工将铝模板的高精度和PC构件的高精度结合，将两者优势互补。铝合金模板有较优的力学性能、施工安装简便、不产生建筑垃圾、周转率高、可回收利用价值高；质量较轻、可人工搬运和装拆，无需大型重型机械设备协助，可用于整体浇筑，也可用于二次浇筑，使用范围广；脱模效果好，与混凝土接触面光洁平整；耐酸、耐腐蚀，适用于复杂的施工环境。弥补PC构件在施工过程中后浇段精度不高的缺点，极大提高了装配式办公楼的整体施工质量。

图19　铝模板现场施工

项目所有模板用量计算如下：

核心筒墙体：所有墙体周长×（层高－板厚），则核心筒墙体面积为15859.8m²。

预制柱单层模板面积：所有柱周长×（层高－板厚），则柱模板面积为1402.8m²。

板单层模板面积：除预制板以外板面积，则板模板面积为1265m²。

梁单层模板面积：单层所有梁底面积＋侧面积，17138.86m²。

地上模板总量为：35666.46m²。

铝模板使用以结构核心筒墙体和板为例，如下图所示：

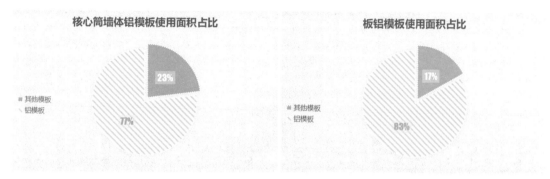

图20　铝模板使用面积占比

基于BIM技术的EPC项目协同

本项目利用集成BIM技术实现设计、采购和施工的协同工作，缩短施工周期，提高管理效率，实现一体化和建设项目信息化管理。

在EPC工程总承包模式下基于BIM的共享、协同核心价值，以进度计划为主线，以BIM模型为载体，共享与集成设计信息、工厂生产信息和现场装配信息，实现办公楼项目进度、施工方案、质量、安全等方面的数字化、精细化和可视化管理。

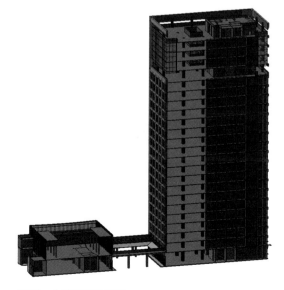

图21　土建三维透视图

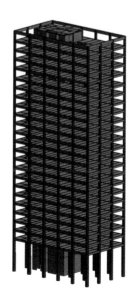

图22　结构专业模型

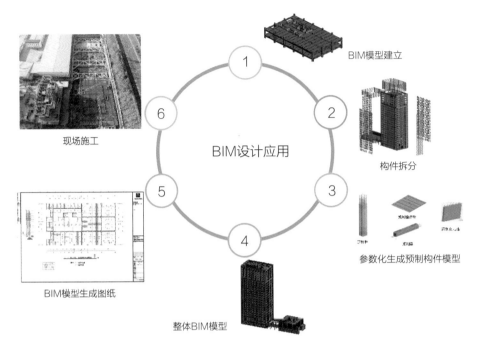

图23　BIM技术信息化管理

访谈工作照

设计团队合影

项目小档案

顾　　　问：赵中宇

主创建筑师：陈敬煊　宋宇辉

核 心 团 队：陈长林　吴旭光　朱金松　刘暾平　王　建　赵奇峰
　　　　　　　张晓洋　高中杰　方　丹　杨　玫　方　盛　张思达
　　　　　　　曹立奎　王志成　钱婷婷　李　翿　方　旭　徐　威

整　　　理：余　晓　鲍　宇

文绿融合　装配带动

——评中建·开元御湖办公楼设计

　　装配式建筑具有产业链长，经济关联度高等特点，得到了政府的大力提倡和高度重视。我国沿海经济发达地区，在装配技术上积累了丰富工程经验，在我国广大中部腹地，如何建构发展话语，作好装配技术的文章？作为中建子公司，中建工程设计有限公司发挥央企优势，秉承"绿色低碳"理念，通过安徽开元御湖办公楼项目，探索设计、加工、装配融合的篇章。

　　开元御湖办公楼位于合肥京东方平板显示产业基地的陶冲湖生态示范区。2020年绵绵梅雨中，在合肥开元御湖办公楼繁忙工地上，我瞭望陶冲湖生态示范区，生态示范区绿树成荫，湖水如镜，自然条件得天独厚。办公楼主创建筑师希望建筑犹如城市中的盆景，与环境和谐共生。建筑通过被动式绿建技术与徽派文化结合，表达"珍藏徽州"的立意。手法上，挖掘"四水归堂""院落空间"传统建筑空间特征，融入塔楼及沿街裙楼顶部，通过形态围合形成穿堂风，利用太阳能减少能源的消耗，改善空间品质。办公楼塔楼顶部，6m高架空层一方面成为空中徽派园林盆景，另一方面与开放中庭联通，兼具生态缓冲层和文丘里管双重作用，在改善办公区自然通风和采光条件的同时，传达徽派文化意境。

　　中国传统建筑通过木构、斗拱所体现的装配施工、标准化构件与丰富的色彩配置、模块化庭院等组合，完成了"天人合一"的表达。当今，装配式技术日渐成为绿色建筑的主要建造形式，中建工程设计有限公司吸收数字化技术，把装配技术延展到开元御湖办公楼构件生产和内部装修上，设计考虑构件生产及现场安装的要求，协同各专业，通过一系列标准化构件不同组合，实现建筑平面和功能空间的丰富效果。建筑师通过标准化的幕墙、方窗、色彩单元的模块化集成技术以及绿植等相互交融、有机结合降低建造成本，提高装配效率，完成绿色低碳目标。传统建造文化与现代装配技术在这个项目上，进行了有趣的交流对话。

　　"由于疫情，工程物资的调度工作比平时困难许多。"开元御湖工地项目经理说，从当天来到项目那一刻起，他便一刻也没休息，忙着和各方协调，努力让物资到位，他感慨道，"按照目前的进度，工期按时完成问题不大。"装配技术是历史发展的必然，回顾过去，它却是在充满艰辛的实践中逐渐实现的。对中建工程设计有限公司要做的事情来说，事业才刚刚开始。安徽是装配建筑的热土，希望我们的装配技术作品，就像陶冲湖示范区"中国制造"的产品，走向全世界，让全球每个人都能享受中国建筑的智慧。

点评专家

———

胡向磊

同济大学建筑城规学院副教授，同济大学建筑设计研究院（集团）有限公司一级注册建筑师；中国建筑学会工业化建筑学术委员会理事；上海市建筑学会绿色建材与节能专业委员会委员。2005年获同济大学工学博士学位，主要从事建筑工业化和装配建筑方向教学与研究。曾主编《轻钢轻板住宅》《新型复合外墙技术经济评价》《建筑构造图解》等专著和教材，参编《建筑设计资料集（第三版）》丛书，参与和主持住房和城乡建设部课题1项，科学技术部课题3项，国家自然科学基金1项，教育部重点实验室课题2项，专利4项，发表相关论文30余篇。

LOT-EK 事务所

LOT-EK是一家位于纽约的设计工作室。它由艾达·托利亚（Ada Tolla）和朱塞佩·利加诺（Giuseppe Lignano）于1993年创立，其作品涵盖了美国和海外的住宅、商业和公共项目，以及文化机构和博物馆的项目，包括MoMA、惠特尼博物馆、古根海姆博物馆和 MAXXI。LOT-EK的创始合伙人艾达·托利亚（生于1964年）和朱塞佩·利加诺（生于1963年），拥有意大利那不勒斯大学的建筑和城市设计学位（1989年），并在纽约哥伦比亚大学（1990—1991）完成了博士后学习。2004年以来，除了专业实践外，他们还在哥伦比亚大学建筑、规划与保护研究生院担任教授，并在美国和国外的主要大学和机构中进行学术演讲。2011年12月，艾达和朱塞佩被美国艺术家组织（United States Artists）评为美国建筑与设计先锋。

艾达和朱塞佩

LOT-EK 事务所哲学

LOT-EK是一个既相信非原创、非美观、非高贵又相信革新、华美和极致的事务所。LOT-EK认为
这些看似对立的性质并不矛盾，而是相辅相成的。LOT-EK致力于探讨和创造当代更高效、环保和
经济的建筑物，同时也关注现有物体和工业系统的创造性再利用，例如对集装箱的建筑化使用等。

图1 项目位于三角形用地（左）和两栋建筑单体交汇在三角形基地的顶点（右）

项目介绍

Drivelines Studios是一幢位于南非约翰内斯堡的住宅楼。该项目位于正在经历城市更新的Maboneng片区，其设计也呼应了后种族隔离一代通过新的城市生活模式重建城市中心的愿望。

该建筑平面呈三角形，两个独立的住宅体量铰接在该地段东端，西侧围合形成了开放式庭院作为其社交空间。从街道上望去，建筑立面就像两块广告牌，平整而有视觉冲击力；而朝向内院的立面则在尺度上进行了碎化处理，由楼梯、电梯塔和连接各楼层的连桥和走道的户外空间形成丰富的生活化场景。

该建筑采用模数化设计，由140个回收的集装箱组成。集装箱保留原始颜色，不另做喷涂，就作为立面最终的色彩，因而蓝绿两个色调的建筑分区即是回购的集装箱颜色所决定。每个集装箱在

现场堆叠和切割，并组合形成单元。每个房间的窗户则沿着集装箱长边从角点到中心的对角线进行切割形成。这般简单的斜切在经过多个集装箱重复和镜像排列组合后，形成了令人意想不到的抽象立面图案。

首层除了住宅功能，还容纳了沿街零售区及带有绿化的社区庭院和游泳池。首层之上的6层都为住宅公寓，每个开放式公寓的面积均在300平方英尺至600平方英尺之间。所有公寓均设有朝向庭院的户外空间。

整个建筑的完工与入住，标志着该住宅建筑将与其周边的新兴社区一起，促进并推动着约翰内斯堡市中心的都市复兴。

图2　模块化住宅楼由140个集装箱组成

图3　建筑外观被设想为巨大的城市广告牌　　图4　两栋建筑单体"铰接"相连的转角空间

图5 从南侧街道看位于端头的建筑

图6 建筑由两栋住宅单体连接组成

图7 建筑位于新的城市转型和更新区域

图8 集装箱箱体上切割而成的窗户，形成独特的立面图案

图9 建筑围合并俯瞰一个公共庭院

图10 开放的流线和庭院鼓励住户进行室外活动

图11　内部庭院

图12　南侧沿街的底层开放空间，包含有零售店

图13　住宅单元室内

图14 摆放家具后的住宅单元室内

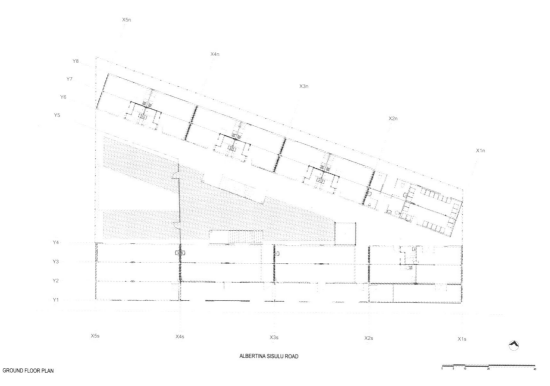

GROUND FLOOR PLAN

图15 首层平面图

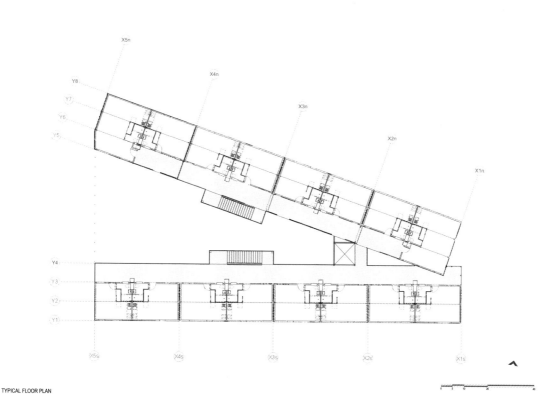

TYPICAL FLOOR PLAN

图16 标准层平面图

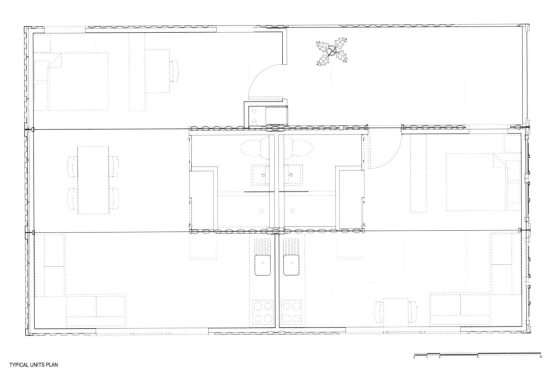

TYPICAL UNITS PLAN

图17　标准单元平面图

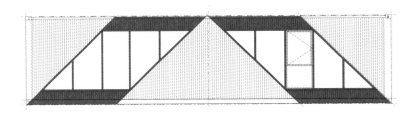

CUT CONCEPT

图18　单元立面图

LEGEND:

EXISTING CONTAINER COLOR UNTOUCHED - NOT PAINTED
SILVER PAINT SP-03, SEE FINISH SCHEDULE ON A-903

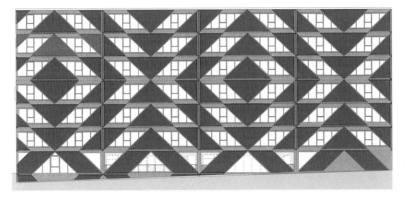

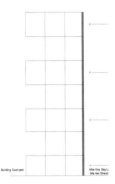

SOUTH ELEVATION

图19 南立面图

LEGEND:

EXISTING CONTAINER COLOR UNTOUCHED - NOT PAINTED
SILVER PAINT SP-05, SEE FINISH SCHEDULE ON A-903

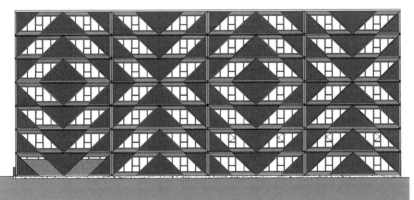

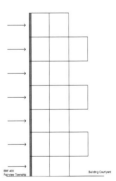

NORTH ELEVATION

图20 北立面图

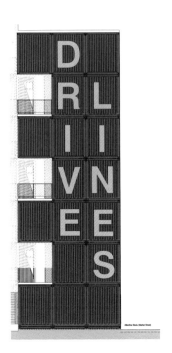
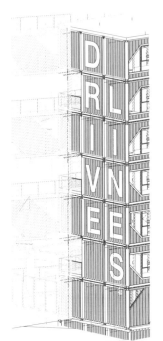
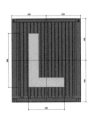

GRAPHICS - GREEN

图21　南栋单体建筑西立面图

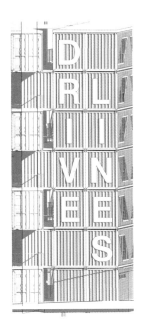

GRAPHICS - BLUE

图22　南栋单体建筑东立面图

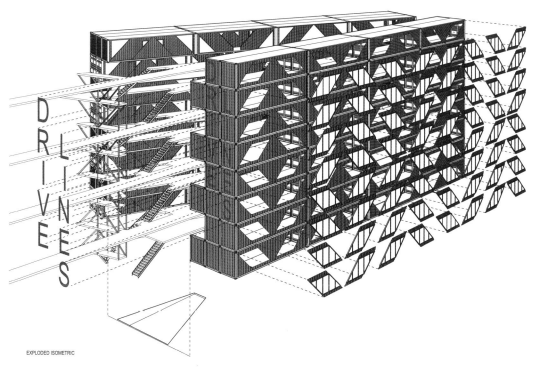

图23　分解轴测图

建造过程

图24　建筑由集装箱搭建过程图（一）

图25 建筑由集装箱搭建过程图（二）

图26　建筑由集装箱搭建过程图（三）

图27 内部装修前的建筑单元室内

项目小档案

设　　计　　师：LOT-EK, Ada Tolla ＋ Giuseppe Lignano, Principals, Sara Valente, Project Architect
开　　发　　商：PROPERTUITY
位　　　　　置：南非约翰内斯堡Maboneng区
面　　　　　积：7000m²
设 计 时 间：2014年
竣 工 时 间：2017年
顾 问 团 队
结 构 顾 问：Asakheni ＋ Silman
机 电 顾 问：VBK Engineering Systems ＋ ABBINK Consulting
工 程 管 理：SevenBar Consulting
当 地 建 筑 师：Anita du Plessis

访谈工作照

在局限中求创新

评约翰内斯堡集装箱住宅项目设计

在这个集装箱建筑已经司空见惯的年代，LOT-EK作为最早研究这种营造方式的事务所，通过driveline studios这个项目再一次做到了革新和有借鉴意义的尝试。由两位意大利籍的建筑师在纽约创立的LOT-EK事务所已经有20多年的实践经验，艾达和朱塞佩给自己的公司取名LOT-EK，其实是取了LOW-TECH（低技）的谐音，意在表达他们不做作、不炫耀的设计理念。他们的作品，不论是建筑还是艺术装置，都充满了工业美感，并通过对生活中已有的物体的巧妙改造和叠加，形成新的功能和解读，同时也完成了可持续性的循环。

项目原址是一个叫作Driveline的汽修厂房，位于约翰内斯堡市区欠发达的街区。近年来的城市发展让这里的住房需求急剧上升，开发商因此才交给了LOT-EK这样一个如何通过预制建筑来打造品质廉租房的重任。设计师对集装箱预制住宅这个类型其实已经很熟悉，但在这个项目中面临的挑战是在如此规模下如何能打造出一个对内具有社区感对外具有商业感的城市节点，而不是简单的公寓堆叠。LOT-EK对这个基地所做的回答可以说是四两拨千斤的：两组6层的住宅体量按着基地的自然交角像合页一般铰合在一端，另一面则开敞取景，中间形成的三角形区域恰巧成为业主活动的空间。沿街立面则巧妙地设计了一个骑楼的形式，让原本封闭的集装箱形成了一个开放且又遮风挡雨的商业廊道。完工后的Driveline Studios一跃成为南非最大的预制集装箱住宅建筑，而每月的租金不到300美元，深受当地民众的喜爱。更让开发商意想不到的是，起初项目定位仅仅是单身青年宿舍，但入住后项目空间的多样性给整个Maboneng街区带来的提升让项目也备受家庭群体和退休老人的喜爱。

整个项目过程中，建筑师还遇到了当地消防部门对集装箱住宅防火性能和潜在租户对工业风格接受程度的质疑。项目的落地证明了这些顾虑都可通过实践来一一化解。相信在我国大力推进廉租房的当下，这样的装配式住宅一定能启发更多更好的建筑。

点评专家

李樾祺

　　美国Ennead Architects的高级设计师，长期工作于纽约、上海两地，在建筑设计和城市规划实践中有多年经验。他在美国杜兰大学和英国建筑联盟学院接受专业建筑教育并在2015年获得美国注册建筑师执照。近期完工或在建的项目包括：武汉华为研发基地，上海英雄金笔厂改造与更新，上海桃浦智创城一期，斯坦福大学ChEM-H实验楼等。这些项目大多使用了装配式钢结构，并在可持续性设计中有特别创新。他在装配式重型木结构中的实践也获得诸多奖项，如缅因州户外营地和布鲁克林公园球场项目等。在他兼顾中西的设计中，"现代中国建筑"是他不断探索的主题。

陆轶辰

纽约Link-Arc建筑事务所创始人及主持建筑师,在世界范围内拥有建成的文化与教育类建筑作品。本科毕业于清华大学,于耶鲁大学获得建筑学硕士学位。现任清华大学美术学院副教授,博士生导师;并于意大利米兰理工建筑学院、美国雪城大学任客座教授;中国建筑学会建筑师分会、注册建筑师分会理事;中国建筑学会第十三届理事会科普工作委员会委员;上海市建筑学会建筑设计专业委员会委员。

曾获:日本2006年《新建筑》国际住宅设计竞技大奖一等奖第一名;德国设计协会2014年度建筑标志奖;美国《建筑实录》杂志评选的2015年度"全球设计先锋";2016年美国建筑奖白金奖;2016年中国建筑学会建筑创作奖金奖;2018年中国建筑师协会青年建筑师奖;2019年亚洲建筑师协会建筑奖金奖。此外亦多次受邀在国际建筑会议以及国内外大学建筑学院进行演讲,包括:获邀参加2016年哈佛大学建筑学院"走向批判的实用主义:当代中国建筑展"、2018年耶鲁大学建筑学院"亚洲校友十年回顾展"以及AIA 纽约建筑师分会的"跨文化建筑:中国先锋"论坛,并代表中国建筑师进行讲演。

2015年,陆轶辰代表清华大学主持设计了意大利米兰世博会中国馆。作为第一次以独立自建馆的形式参与在海外的世博会的中国馆,获得了世博展馆遗产大奖杰出奖一等奖,以及国际世博局颁发的2015年米兰世博会大模块建筑设计铜奖,为国家赢得了国际声誉。

设计理念

与现实对话：我把每个作品都看作是与真实世界的一次相遇，而建筑创作从本质上来讲是一种对话。

批判的模式：事务所的核心工作方法是一种愿意接受质疑的模式，我将建筑视作一个源于生活而高于生活的存在，一个充满批判意识的乐观行为。

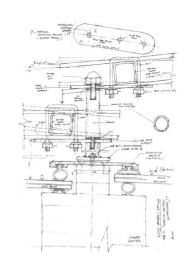

新场域精神：我将建筑与基地的关系视作建立新场域、新自然、新秩序的机会，以对相关语境和具体元素的研究为驱动，揭示项目的独特本质，并由此推进概念演化与空间塑造。

静谧之乐：我最感兴趣的是与业主一起进行有关这个建筑会是"什么"以及这个建筑将如何被使用的讨论，在此基础上用心琢磨出的设计成果将具有特有的质量，并为它的最终使用者提供不同的想象和解读的空间与维度，并为其创造静谧之乐。

新与旧：通过新的技术来表达拥有传统价值的时代精神。我坚信更为广义的建筑学可以创造属于这个时代睿智的、有魅力和价值的建筑，并以新的交付方式完成。

图1 米兰世博会中国馆外观

诗意的建造——2015年米兰世博会中国馆

名　　　　称	2015年米兰世博会中国馆
地　　　　点	意大利米兰
项　目　功　能	展览、餐饮、放映厅、装置、纪念品销售、贵宾接待、会议、办公等
基　地　面　积	4590m²
建筑规模（面积）	3500m²
设计/建筑成时间	2013-2015
业　　　　主	中国国际贸易促进会
组　织　者	2015米兰世博会组委会

　　2015年米兰世博会中国国家馆是中国首次以独立自建馆的形式赴海外建馆参展的世博会场馆，在世界范围内受到广泛的关注。

米兰世博会中国馆的理念来源于对其主题"希望的田野，生命的源泉"的理解和剖析。建筑师在场地的南、北2个主立面分别拓扑了"山水天际线"和"城市天际线"的抽象形态，并以"loft"的方式生成了内部的展览空间；最后在南向主立面上，推出3个进深不同的"Deep Facade"，形成"群山"的效果，以此向中国传统的抬梁式木构架屋顶致敬。建筑师力图在保留展会建筑所要求的"标志性"的同时，更想表达的是对在中国当下快速发展的背景下，如何在农村与城市共同繁荣的基础上，实现真正的"希望的田野"等一系列相关问题的思考。

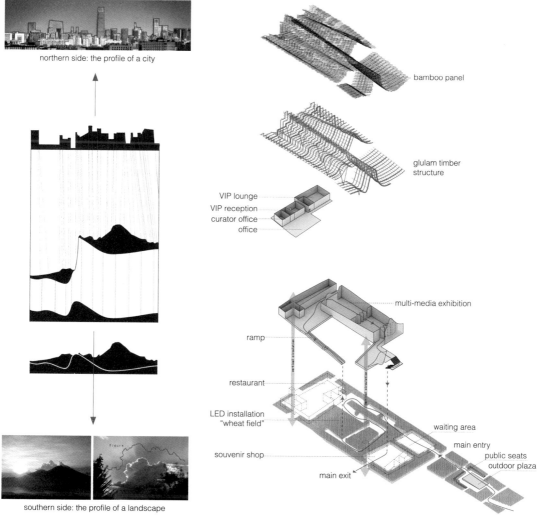

northern side: the profile of a city

southern side: the profile of a landscape

bamboo panel

glulam timber structure

VIP lounge
VIP reception
curator office
office

multi-media exhibition

ramp

restaurant

LED installation "wheat field"

souvenir shop

main exit

waiting area

main entry

public seats
outdoor plaza

图2　山水城市概念图解

图3　中国馆流线轴测分析

1. 屋面的四种体系

为了实现中国馆屋面轻盈和大跨度的内部展览空间的要求，中国馆创造性地采用了以胶合木结构、PVC防水层和竹编遮阳板组成的三明治开放性建构体系，这即使在世界范围中也是创新的。

传统建筑文化的当代表达——钢木（胶合木）结构组成的结构屋面体系

米兰世博会中国馆的结构体系是中国传统建筑文化的一个当代表达，其最大挑战就是如何采用胶合木（主）与钢结构（次）来实现大跨度的展览空间。屋面主体结构由近40根东西向的结构檩条(Purlin)和37根南北向的异型木梁（Rafter）结合组成。

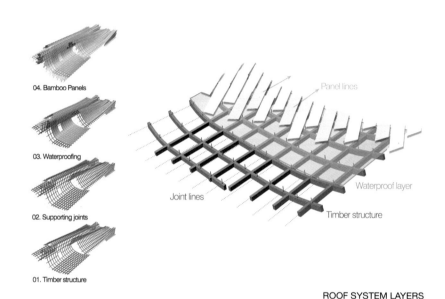

图4　中国馆屋面体系图解

purlin / rafter pin; 39mm bracing

purlin / rafter pin; 22mm bracing

double wood column pin joint

double bracing detail

wood rafter / steel purlin
w/ 22mm bracing

wood purlin / steel rafter
w/ bracing

图5　中国馆结构体系图解

在此基础上的结构方案，在胶合木梁与钢梁之间形成了非常丰富的三维剖切关系，并由此形成了共1400个三维屋梁节点。乌迪内的意大利工人需要首先在胶合木梁、檩条的每个断面上用CNC切割机精准地"掏"出1400个不同的预制槽，然后在每个节点的位置通过梁与檩条间的内置结构钢板通过锚栓加固。中国馆内部最后实现的展览空间最大跨度做到了37m，而胶合木梁的深度被维持在46-55cm，体现了结构计算的精准与胶合木材料在结构上的高度适应性。

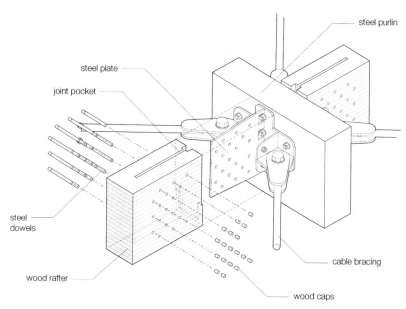

图6　屋面钢、木典型节点示意

图7　中国馆内部木结构空间

图8　中国馆内部木结构空间

半透明的高科技"扇子"：PVC防水层体系

在外部的竹瓦遮阳体系和下部的胶合木结构之间，存在着一层水平向的半透明PVC防水层体系。将之展开后，所呈现出的是一面不规则的扇形；整体中国馆的屋面防水层被裁成34条东、西向通长的PVC带，整体铺装在屋面的东、西向异形主梁上，并通过设置在主梁上的铝型材控制PVC的张拉效果。夏季的光线透过竹编表皮漫射进中国馆内，在空间中布下的斑驳投影，随着季节和时间的变换而变化——对于建筑师来说，这个造化自然的"空"，就是最中国的空间。

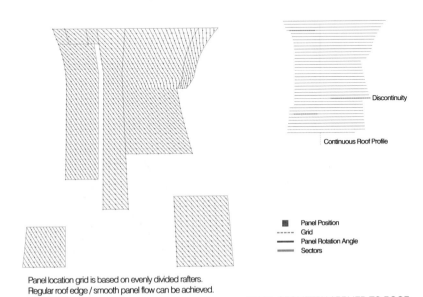

图9　屋面防水层展开示意图

（a）　　　　　　　　　　　　　　　　　　　（b）

图10　从中国馆室内望向透明防水层

"隐藏轴线"上的支撑构件：遮阳竹瓦的支撑体系

如何由主结构穿越防水层，对顶部的遮阳竹瓦形成多点衔接的支撑体系，是项目的另一大技术难题。为了实现支撑点上的遮阳竹瓦可以平滑地在现有屋面上"流动"，并有效避免遮阳竹瓦间的叠合和冲突，中国馆每片竹瓦在三维空间里都进行了微妙的扭转。通过分析，建筑师在竹瓦的微妙变化间找到了其在南北向主梁轴线上的隐藏轴线；并通过参数化计算，把每条隐藏轴线上的支撑构件调整为大致同一长度，并最后确保每片竹瓦由4个支撑构件衔接，有效地解决了结构支撑、板隙错位、防水层与遮阳体系衔接等一系列技术难题。通过长达5个月的参数化分析，最后遮阳竹瓦和其支撑构件的种类都被精简到适当的数量以配合造价与工期的要求。

建筑师为了确保竹瓦与支撑构件安装的精准度，需要在设计时建立一个清晰的数理体系，并最后为施工方通晓。为此，建筑师与中、美、意技术顾问一起在参数化模型、物理模型、建构节点模型和平面数理分析上形成了一整套设计手段，想方设法地解决问题。建筑师团队内部制作了一本"施工手册"提供给意方承建商，希望意方可以像安装宜家家具一样把中国馆"安装"出来。

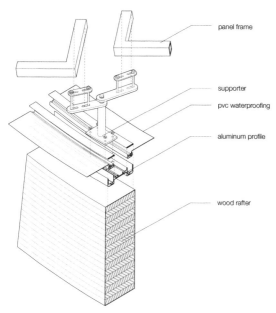

图11　屋面防水构造标准节点

图12　屋面防水层施工过程

图13　中国馆剖面彩色图

"写"出来的竹屋面：遮阳竹瓦体系

位于中国馆屋面最上层，是由竹条拼接的板材所组成的遮阳竹瓦系统。建筑师采用了Processing的参数化工具对屋面的竹瓦进行了梳理，并模拟出了每一块竹瓦的坐标参数和弯折角度——我们把中国馆的竹屋面称之为参数化"写"出来的屋面。

参数化精简后，中国馆屋面的表皮系统共由1080片遮阳竹瓦组成，每块约3m×1m大小，分为平、切、单折、双折四种形态。竹瓦上75%穿孔率的设置，为中国馆减少了屋面的阳光直射和室内刺眼的反射强光，并在夏天为室内提供阴凉；同时，建筑师在建筑立面上又尽可能地取消了建筑幕墙（仅部分的VIP重点空间设置空调以节约成本），让充沛的自然空气进入室内空间，减少电能的消耗。

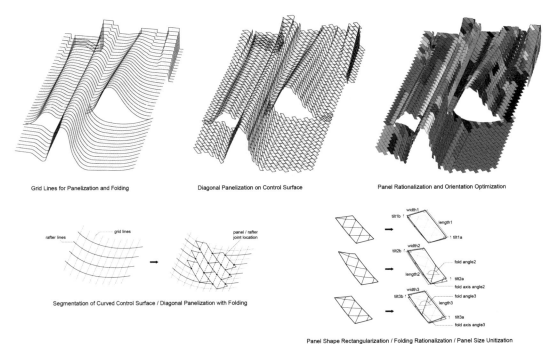

Grid Lines for Panelization and Folding

Diagonal Panelization on Control Surface

Panel Rationalization and Orientation Optimization

Segmentation of Curved Control Surface / Diagonal Panelization with Folding

MILAN EXPO ROOF : PANEL GEOMETRY RATIONALIZATION

Panel Shape Rectangularization / Folding Rationalization / Panel Size Unitization

图14　中国馆遮阳竹瓦参数化体系示意

MILAN EXPO ROOF : PANEL TYPES AND DIMENSIONS

MILAN EXPO ROOF : PANEL TYPE COUNTS

Total Panel Count: 1079

图15　中国馆遮阳竹瓦参数化体系示意

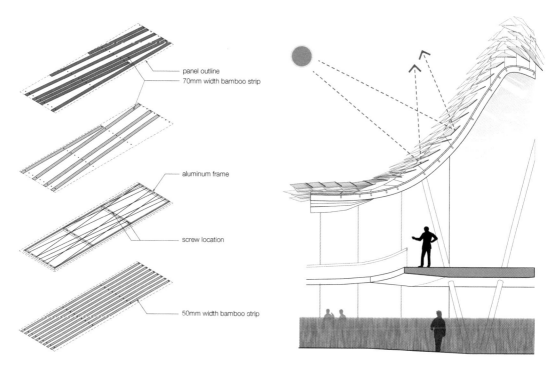

图16 遮阳竹瓦"三明治"体系&节能图解示意

图17 遮阳竹瓦施工过程

图18 中国馆首层"麦田"望向二层

图19 中国馆二层屋面平台望向竹瓦

2. 具有中国气质的国家馆

建筑始于有效的建造，米兰世博会中国馆项目造价平宜、建设周期快，建筑师采用了欧洲当地的建筑材料和建造工艺，辅以前沿的装配技术，因地制宜地设计出最具中国气质的中国馆。2015年5月开馆后，获得了世界性的声誉，也为国家赢得了荣誉。

图20　中国馆东南角入口效果

图21　中国馆二层山墙立面

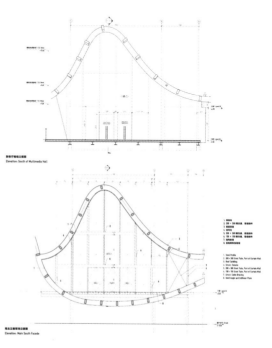

图22　中国馆二层山墙立面

图23　中国馆二层休憩平台

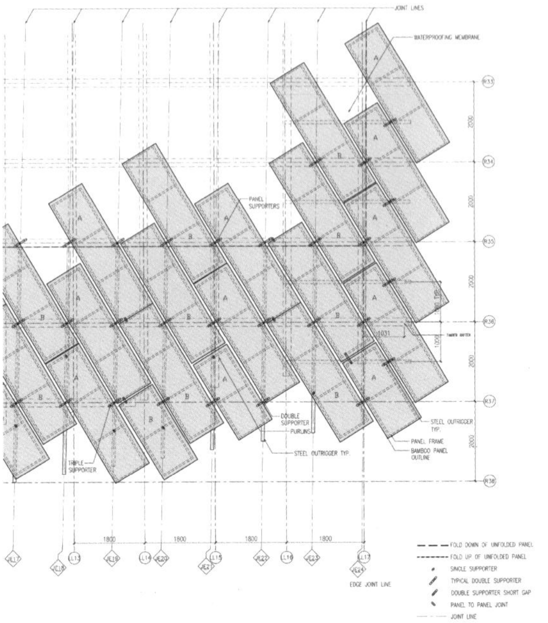

图24　屋面竹瓦安装系统示意

图25　中国馆二层南侧室内公共空间

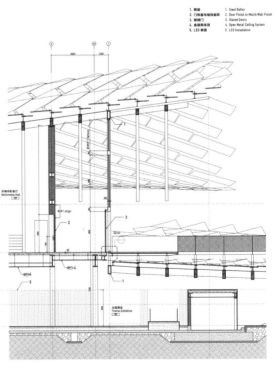

图26　中国馆二层南侧山墙墙身剖面图

图27 中国馆屋顶栈桥出口

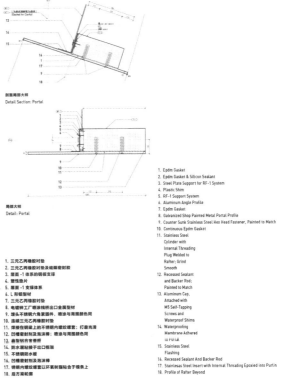

剖面局部大样
Detail Section: Portal

局部大样
Detail: Portal

1. 三元乙丙橡胶衬垫
2. 三元乙丙橡胶衬垫及硅酮密封胶
3. 屋面-1体系的钢板支撑
4. 塑性垫片
5. 屋面-1支撑体系
6. L形铝型材
7. 三元乙丙橡胶衬垫
8. 电镀锌工厂喷涂栈桥出口金属型材
9. 埋头不锈钢六角紧固件，喷涂与周围颜色同
10. 连续三元乙丙橡胶衬垫
11. 焊接在钢梁上的不锈钢内螺纹螺套；打磨光滑
12. 凹槽密封剂及泡沫棒；喷涂与周围颜色同
13. 叠制帆布盖橡帽
14. 防水膜接于出口框架
15. 不锈钢泛水板
16. 凹槽密封剂及泡沫棒
17. 钢内内螺纹螺套以环氧树脂粘合于檩条上
18. 后方梁轮廓

1. Epdm Gasket
2. Epdm Gasket & Silicon Sealant
3. Steel Plate Support for RF-1 System
4. Plastic Shim
5. RF-1 Support System
6. Aluminum Angle Profile
7. Epdm Gasket
8. Galvanized Shop Painted Metal Portal Profile
9. Counter Sunk Stainless Steel Hex Head Fastener, Painted to Match
10. Continuous Epdm Gasket
11. Stainless Steel Cylinder with Internal Threading Plug Welded to Rafter; Grind Smooth
12. Recessed Sealant and Backer Rod; Painted to Match
13. Aluminum Cap, Attached with M5 Self-Tapping Screws and Waterproof Shims
14. Waterproofing Membrane Adhered to Portal
15. Stainless Steel Flashing
16. Recessed Sealant And Backer Rod
17. Stainless Steel Insert with Internal Threading Epoxied into Purtin
18. Profile of Rafter Beyond

图28 中国馆屋顶栈桥出口剖面、节点大样

图29 中国馆屋顶栈桥出口

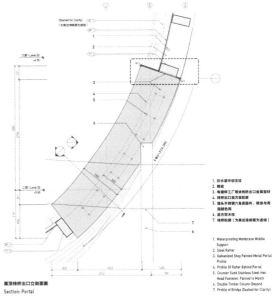

三层 Level 03

二层 Level 02

屋顶栈桥出口立剖面图
Section: Portal

1. 防水膜中部支撑
2. 钢梁
3. 电镀锌工厂喷涂栈桥出口金属型材
4. 栈桥出口后方梁轮廓
5. 埋头不锈钢六角紧固件，喷涂与周围颜色同
6. 后方双木柱
7. 栈桥轮廓（为表述清晰画为虚线）

1. Waterproofing Membrane Middle Support
2. Steel Rafter
3. Galvanized Shop Painted Metal Portal Profile
4. Profile Of Rafter Behind Portal
5. Counter Sunk Stainless Steel Hex Head Fastener, Painted to Match
6. Double Timber Column Beyond
7. Profile of Bridge (Dashed for Clarity)

图30 中国馆屋顶栈桥出口剖面、节点大样

主创团队合影

项目小档案

建 筑 设 计：清华大学美术学院 ＋ Studio Link-Arc

主 持 建 筑 师：陆轶辰

项 目 建 筑 师：蔡沁文，Kenneth Namkung

建筑设计团队：Alban Denic, 黄敬璐, 范抒宁, Hyunjoo Lee, Dongyul Kim, Mario Bastianelli, Ivi Diamantopoulou, Zach Grzybowski, Elvira Hoxha, Aymar Mariǹo-Maza,邓一泓

结 构 工 程 师：Simpson Gumpertz & Heger ＋ F&M Ingegneria

幕 墙 顾 问：Elite Facade Consultants ＋ ATLV

机 电 顾 问：北京清尚＋ F&M Ingegneria

总体设计部分

项 目 总 负 责：苏　丹

项 目 总 监：张 月 杜 异

展 陈 设 计：周艳阳　师丹青　冼　枫

室内、景观设计：汪建松　崔笑声

灯 光 设 计：杜　异　刘晓希

视 觉 传 达：管云嘉　顾 欣　王之纲

访谈工作照（左：顾勇新，中：陆轶辰，右：胡映东）

面向未来的世博会国家馆新形象

——评2015年米兰世博会中国馆设计

　　这是中国第一次在海外建造独立的世博会国家馆。在此之前，中国的确以其他的形式参与过此前的世博会，但都是以改造现成的结构作为场馆使用。因此，此前各届所有的设计任务都是由平面设计师与艺术家完成的，而这是第一次聘请独立的建筑团队来完成建筑设计。国家馆与国家身份往往被联系在一起，这有两方面的表现：一方面，展陈的内容着重于国家文化；另一方面，场馆的规模、设计、建造质量及建筑本身都是国家形象的宣言。2015年米兰世博会中国馆是第一座试图突破中国的传统形象的中国馆。

　　世博会建筑是在极其紧张的周期内建成的，且投入了较大的资金，但能否在世博会展后进行重新利用要视具体情况而定。由于场馆与场地接触很小，整个建筑都是木构的，所有木材之间是通过灵活的节点装配的，在世博会结束后，可以被运到地方进行重新搭建，实现再利用。米兰中国馆建筑的加工、装配和建造的过程只有6个月时间，为此，从结构体系、围护体系、装饰系统都将清晰准确、迅速地完成高质量施工作为准则。无论是基于体系逻辑的曲线型钢梁、钢檩条与木梁、木檩条、防水系统，或是通过灵活的支撑连接件与屋顶巧妙连接的不同角度的参数化竹瓦，得以实现多变而动人的表皮效果，均得益于装配式体系带来的灵活性和准确性。在中国广西和广东加工的竹瓦构建，编号后被运送到都灵装配，在数字化三维模型提炼而成的安装设计与计划的支持下，1052块竹瓦在30天内得以全部安装到位，设计、生成、施工均体现出高质量水平，实现了手工艺特征与精确装配特征的某种平衡。

　　参数化设计挑战了许多传统惯性，比如建构，即不同层次、界面和支撑结构的相互关系。但从另一方面来看，如果对参数化技术应用巧妙，它也能和手工艺进行完美结合，使二者协同发展，共同发挥作用。正如米兰中国馆屋顶形式与竹瓦，即是以编程和数字模型相结合的工作方法，加之专门处理、定制加工的每一片竹瓦，达到视觉效果与加工安装的统一与结合。

点评专家

李翔宁

博士，同济大学建筑与城市规划学院院长，教授、博士生导师，长江学者青年学者，知名建筑理论家、评论家和策展人，哈佛大学客座教授。任中国建筑学会建筑评论委员会副理事长兼秘书长，国际建筑评论家委员会委员，国际建筑杂志Architecture China主编。曾在达姆施塔特工业大学、东京工业大学、UCLA等大学任教。他担任PLAN、Le Visiteur等国际刊物编委。担任密斯·凡·德罗奖欧盟建筑奖、CICA建筑写作奖、PLAN建筑奖、西班牙国际建筑奖等国际奖项评委。还曾担任米兰三年展中国建筑师展、哈佛大学中国建筑展、深圳双年展、西岸双年展、上海城市空间艺术季等重大展览的策展人，2017年釜山建筑文化节艺术总监和2018威尼斯双年展中国国家馆策展人。近期著作包括Made in Shanghai，Shanghai Regeneration，Towards a Critical Pragmatism：Contemporary Architecture in China等。

深圳南山外国语学校科华学校

STUDIO
LINK 無
ARC 間

2015年米兰世博会中国馆

华润集团档案馆

翠竹外国语学校

南京湾艺术中心

鹭湖文化中心

Link-Arc建筑师事务所

纽约分部：
地址：115 West 30th Street, Suite 901,
New York, NY 10001, the United States
网页：http://link-arc.com/
电话：+1 212.414.8832
邮箱：info@link-arc.com

上海分部：
地址：上海市长宁区红宝石路188号古北SOHO，
A座25层
电话：021-60198099

Studio Link-Arc是一个位于纽约的国际化建筑设计团队。"Link-Arc"的名字来源于我们合作性的本质与使命——通过链接多背景多角度的信息、人才和智力资源，与来自不同地区、不同领域的设计师一起进行城市规划、建筑、空间艺术、景观环境的多样化策略咨询与创造。

我们的设计涵盖了各种尺度的创新性的项目。我们将建筑与基地的关系视作建立新场域、新自然、新秩序的机会，以对相关语境和具体元素的研究为驱动，揭示项目的独特本质，并由之推进概念演化与空间塑造。我们希望在我们的标准之下诚心琢磨的设计成果具有特有的质量，能够为它的观众提供不同的想象和解读的空间与维度，为它的使用者创造静谧之乐。

我们以开放的心态来面对每个项目。我们主动的综合项目中相关的甚至是限制性的因素，包括预算、结构、材料、建造系统的组织与工艺流程；基于团队的专业知识和能力，我们将这些因素有效的整合，更好地引导项目的方向。自由灵活的态度使得我们能够积极地应对来自社会、经济等各方面的影响，从而实现更大的建筑设计的完整性。

我们的核心工作方法是一种愿意接受质疑的模式。吸取了不同文化与语境中的优势，我们将建筑视作一个源于生活而高于生活的存在，一个充满批判意识的乐观行为。我们坚信更为广义的建筑学可以创造属于这个时代的睿智、有魅力和价值的建筑，并以新的交付方式完成。

中国装配式建筑网 (www.Chinazpsjz.com)

以建筑致敬城市 以革新提振产业 共同见证装配式建筑的伟大变革

创建于 2016 年，专注于为装配式建筑全产业链提供各类价值资讯、网上展厅、高峰论坛、项目咨询、市场调研、产品推广、人才招聘、技术培训、标准参编、产业对接等综合性服务，已成为我国装配式建筑领域专业程度高、影响力广的综合性行业平台。

目前已汇聚装配式建筑投资、项目开发、设备制造、规划设计、装配施工、智能应用、装饰装修的各类会员企业 2000 余家。并与国内知名企业签订战略合作意向、开展业务合作：如远大住工、三一筑工、杭萧钢构、美好装配、中建科技、隧道股份、北京住宅产业化集团、上海君道住工、鞍钢中电等，并组建了中国装配式建筑产业联盟，英文缩写 CPCIA。

专业成就梦想，用心改变生活！追求卓越，共谋发展！愿携手更多行业翘楚，创造新的辉煌！

地址 (Add)：北京市朝阳区北苑中国铁建广场 E 座 19 层

电话 (Tel)：010-56431348 56466237　传真 (FAX)：010-56431348　邮编 (P.C)：100012

联系人 (Contact)：彭叶峰　手机 (Mobile phone)：13521187188　邮箱（E-mail）：99449164@qq.com

中国装配式建筑网
WWW.CHINAZPSJZ.COM

专注中国装配式建筑产业合作发展的交流服务平台

以装配式建筑产业发展为契机，
依托中国装配式建筑产业链资源，

提供装配式建筑产品推广、企业宣传、
行业论坛、展览展示、数据报告、
专项培训、产业合作、供需对接、
全国路演及海外考察、供应链金融、
配套材料、材料应用等服务。

扫码关注我们

扫码加入我们

企业简介 / PROFILE

中衡设计集团股份有限公司（原苏州工业园区设计研究院股份有限公司）创立于1995年，是"中国-新加坡苏州工业园区"的首批建设者，全过程亲历者、见证者和实践者。2014年12月31日公司于上交所成功上市（603017），成为国内建筑设计领域第一家IPO上市公司。目前集团拥有3500余名员工，主要提供工程设计、工程总承包、工程咨询监理与管理、投融资四大核心服务，范围贯通全产业链，涵盖城市规划、城市设计、建筑设计、景观设计、室内设计、幕墙灯光绿建智能、工程监理、工程管理、工程总承包、工程咨询、造价咨询、招标代理等领域，能够为国内外客户提供符合国际惯例的全生命周期的技术服务。

截至2019年底，公司工程设计项目获得部、省级以上优秀设计奖项640余项，其中近三届全国优秀工程勘察设计行业奖一等奖11项，其中9项为公共建筑设计一等奖，全部为中衡原创设计作品，近两届中国建筑学会金奖1项，银奖3项，形成了良好的品牌影响力。

2020年1月，集团董事长、首席总建筑师冯正功当选全国工程勘察设计大师。集团目前位列2018江苏省建筑设计企业综合实力第一，连续两年（2018、2019年）荣登美国ENR/《建筑时报》"中国工程设计企业60强"，连续四年荣膺中国十大民营工程设计企业（连续多年位列建筑类企业前三甲），2012年被住建部选定为全国首批40家全过程工程咨询试点企业，同年也成为首批获得认定的"国家装配式建筑产业基地"之一。

中 衡

"中衡"，古天文学称黄道与赤道相交于"中衡"。《浑天赋》："中衡外横没不召而自至，黄道赤道亦殊途同归"，"殊途同归"之意蕴含了公司及冠之年更名的远大愿景。

A	R	T	S
ARCHITECTURE	RESEARCH	TECHNOLOGY	SERVICE
建筑	研究	技术	服务

城市规划 城市设计	工程咨询	全过程 工程咨询
建筑设计	造价咨询	
工程监理	景观设计	招标代理
工程管理	室内设计	
投融资	工程总承包	幕墙 灯光 绿建 智能

研发基地 / RESEARCH AND DEVELOPMENT BASE

- 2012年在省科技厅、财政厅联合批准下，公司成立了省级研发机构"江苏省生态建筑与复杂结构工程技术研究中心"
- 2017年被住房和城乡建设部评为"国家装配式建筑产业基地"
- 2018年9月获批建设"江苏省建筑产业现代化工程研究中心"
- 中衡设计新研发中心大楼获中国建设工程鲁班奖（2019）；
  全国优秀工程勘察设计行业奖建筑工程一等奖（2017）；
  中国建筑学会建筑创作奖银奖（2016）；
  ACTIVE HOUSE 主动式建筑国际联盟颁发的 Active House 舒适卓越奖（2019）

TO REALIZE DESIGN VALUE
TO PROMOTE INDUSTRY DEVELOPMENT

实现设计价值　促进行业进步

以设计研发为龙头，以装配式建筑和BIM为核心技术，通过全产业链布局，
力求打造全球领先的设计科技企业

华阳国际作品　清华大学深圳研究生院创新基地（二期）

华阳国际设计集团
CAPOL INTERNATIONAL & ASSOCIATES GROUP

建筑设计公司　规划设计研究院　造价咨询公司　建筑产业化公司　华阳国际城市科技公司
东莞建筑科技产业园　东莞润阳联合智造公司　华泰盛工程建设公司

深圳・香港・广州・上海・长沙・武汉・海南・广西・江西・粤东・粤西・东莞・珠海・惠州・佛山

深圳市福田保税区市花路盈福大厦4楼 | 4/F,Yingfu Building,Shihua Rd,Futian Bonded Zone,Shenzhen,China

WWW.CAPOL.CN

华阳国际设计集团
CAPOL INTERNATIONAL & ASSOCIATES GROUP

华阳国际设计集团(公司简称:华阳国际,股票代码:002949)总部位于深圳,现已形成由深圳/香港(CAN)/广州/上海/长沙/武汉/海南/广西/江西等区域公司以及粤东/粤西/东莞/珠海/惠州/佛山等城市公司、造价咨询公司、建筑产业化公司、华阳国际城市科技公司、华泰盛工程建设公司、东莞建筑科技产业园公司、东莞润阳联合智造公司组成的,覆盖建筑全产业链的集团公司,业务范围全面覆盖规划、设计、造价咨询、装配式建筑、BIM技术研究、生产制造、施工建设、全过程工程咨询、代建及工程总承包等建筑领域,员工规模超5000人。

二十年来,我们心怀创作理想、执着实践,始终坚持设计是本源,探索有态度有品位的原创建筑主张,构建类型建筑的创作体系。

我们持续创变,探索设计更多可能性、更大化价值,从平台化运作到产业链资源,兼得大平台的产业优势、技术资源,和小团体的活力、高效。

「综合体类」

在影响数亿人的时代命题,用设计赋予土地新意,施展城市抱负

「医疗类」

治愈系建筑空间,以人性关怀解题中国就医问题

「教育类」

研发迭代教育综合体,用建筑空间提升中国教育未来

「办公类」

以建筑城市的角色,创造有价值的公共空间和地标

「产业园类」

在开放X生态X场所精神中,创作复合产业园新意

「豪宅类」

持续引领豪宅潮流,持续用设计为土地增值

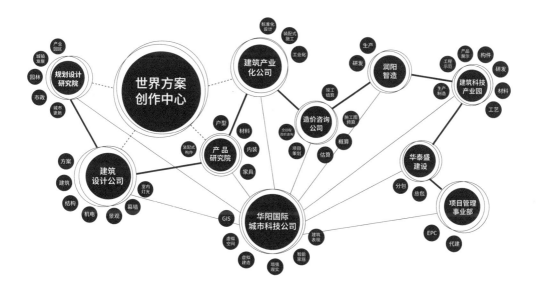

CAPOL 華陽國際

2012 年数字未来工作营，机械花园

2015 年数字未来工作营，陶土打印柱

2017 年数字未来工作营，机器人金属打印桥

2017 年数字未来工作营，机器人木构装置

2018 年数字未来工作营，机器人木构装置

2018 年数字未来工作营开营合照

2019 年数字未来工作营，机器人纤维编织打印桥

DigitalFUTURES

数字未来工作营

"数字未来 DigitalFUTURES"创办于 2011 年，由同济大学建筑与城市规划学院和上海建筑数字建造工程技术研究中心联合主办，旨在促进各学术机构中数字设计和智能建造的理论与科学研究，并鼓励国际合作与互动。在全球最杰出机构的顶尖专家教授带领下，九年来的实验性数字工作营传统，使"数字未来"暑期工作营在创办数年间成为全球最受欢迎和最先进的工作营之一。

简盟工作室由清华大学建筑学院院长张利教授于2001年创建，2005年成为一个完整的设计实践机构，2011年加入清华大学建筑设计研究院，目前有50余位成员。自2005年起，简盟工作室参与了一系列富于挑战性的项目，其中的一些项目获得了国内和国际的关注。这些项目从高显现度的大型事件类建筑，如北京2022冬奥会张家口赛区总体规划及国家跳台滑雪中心、张家口奥运村、太子城冰雪小镇（2018-2022）；北京2022冬奥会北京赛区首钢滑雪大跳台中心（2018-2022）；上海世博会中国馆屋顶花园（2010），到平易的社区文化类建筑，如金昌文化中心（2008），嘉那嘛呢游客到访中心（2013）等，阿那亚启行营地（2016），世园会园艺小镇及艺术中心（2019）等。简盟工作室的所有工作有一个基本的诉求，关注人体与建筑空间的互动关系，以及相关东方传统空间理念的当代诠释，通过建筑与城市中的人体与空间关系的研究和实践探索"主动式健康"与运动友好型城市的可能性。

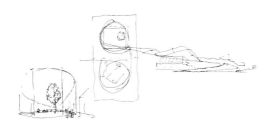

TEAMMINUS 簡盟

清华大学建筑设计研究院有限公司
简　盟　工　作　室
www.teamminus.com，+86 010 51779958
北京市海淀区中关村东路8号东升大厦B座815B

致谢

在本书的编写过程中，得到了国内外装配式建筑实践中颇具影响力的十位著名建筑师及其团队的大力支持和帮助，访谈中他们对案例给予了细致、全方位的介绍，或专门陪同对案例进行实地考察，帮助我们充分理解并得以展示案例从装配式设计理念到技术体系及要点，再到与相关建造与建筑技术衔接等各个方面。值此出版之际，我们深表谢意，他们是（排名不分先后）：

清华大学建筑学院院长张利教授，清华大学建筑设计研究院简盟工作室张铭琦所长、王灏总工；

（日本）团纪彦建筑设计事务所团纪彦大师；

同济大学建筑与城市规划学院副院长袁烽教授，上海一造建筑智能工程有限公司韩力总经理；

中衡设计集团股份有限公司冯正功董事长、张谨总工程师；

上海中森建筑与工程设计顾问有限公司严阵董事长、徐颖璐副总建筑师；

华阳国际设计集团唐崇武董事长、田晓秋副总裁、龙玉峰副总裁；

中国建筑西南设计研究院有限公司龙卫国董事长、李峰副总建筑师；

中建设计华东区陈敬煊董事长、陈长林总工程师；

（美国）LOT-EK创始合伙人Ada Tolla和Giuseppe Lignano；

纽约Link-Arc建筑事务所创始人及主持建筑师陆轶辰。

由衷感谢中国建筑设计研究院李兴钢总建筑师、同济大学建筑与城市规划学院院长李翔宁教授、东南大学建筑学院韩冬青教授、暨南大学的施燕冬教授、东南大学钢结构研究设计发展中心舒赣平主任、东南大学建筑学院夏兵副教授、同济大学建筑与城市规划学院胡向磊副教授、渡边邦夫设计顾问（南京）有限公司法人代表涂志强博士、北京安馨天工城市更新建设发展有限公司刘曜总工程师、Ennead Architects高级设计师李樾祺，他们在百忙之中为案例做了精彩点评，帮助读者从不同的视角去感受案例的闪光之处。

非常感谢庄惟敏院士为本书作序，庄院士寄语装配式建筑，并为建筑产业化转型发展提出期望，为"智慧建造"的宏伟构想指明了前进方向。

衷心感谢中国中建设计集团公司赵中宇总建筑师、北京市住宅产业化集团股份有限公司副总经理兼设计研究院王炜院长、北京市建筑设计研究院有限公司张昕然所设计总监提供的指导和帮助。感谢中国建筑学会工业化建筑学术委员会主任委员娄宇大师、温凌燕博士，中国建筑学会建筑产业现代化发展委员会主任委员叶浩文先生、秘书长叶明先生、姜楠博士，中国装配式建筑网彭叶峰先生，安必安新材料集团有限公司顾骁先生，上海宾孚数字科技集团翟超先生，以及建筑师马树新先生、姜延达先生、廖方先生、王丹先生、佘龙先生、苏世龙先生、李昕女士、钱嘉宏女士、郭文波先生、曾忠忠先生，对本书的修改提出许多很好的建议。

感谢中国建筑出版传媒有限公司（中国建筑工业出版社）对丛书的大力支持，感谢副社长欧阳东先生和李东女士、陈夕涛先生、徐昌强先生为书稿付出的辛勤努力和巨大帮助。

最后向"装配式建筑"丛书的读者致敬，感谢您们的支持，希望多提宝贵意见！大家的支持是我们丛书编著的动力和鞭策。

图书在版编目（CIP）数据

装配式建筑案例 = Prefabricated Building Case /
顾勇新，胡映东编著．—北京：中国建筑工业出版社，
2020.9 （2021.6重印）
（装配式建筑丛书 / 顾勇新主编）
ISBN 978-7-112-25311-1

Ⅰ．①装… Ⅱ．①顾… ②胡… Ⅲ．①装配式构件－
建筑设计－案例 Ⅳ．①TU3

中国版本图书馆CIP数据核字（2020）第121481号

责任编辑：李　东　陈夕涛　徐昌强
责任校对：李美娜

落实"中央城市工作会议"系列

装配式建筑丛书
丛书主编　顾勇新

装配式建筑案例
Prefabricated Building Case
顾勇新　胡映东　编著

*

中国建筑工业出版社出版、发行（北京海淀三里河路9号）
各地新华书店、建筑书店经销
北京锋尚制版有限公司制版
北京富诚彩色印刷有限公司印刷

*

开本：787毫米×1092毫米　1/16　印张：17　字数：406千字
2021年1月第一版　　2021年6月第二次印刷
定价：98.00元
ISBN 978-7-112-25311-1
（36091）